新污染物治理概要

孙　钰　焦永杰　张晓惠　主编

中国商务出版社

·北京·

图书在版编目（CIP）数据

新污染物治理概要 / 孙钰，焦永杰，张晓惠主编.
北京 ：中国商务出版社，2024.12. -- ISBN 978-7
-5103-5404-5

Ⅰ．X505

中国国家版本馆 CIP 数据核字第 2025LL6161 号

新污染物治理概要

孙钰　　焦永杰　　张晓惠　　主编

出版发行：中国商务出版社有限公司

地　　址：北京市东城区安定门外大街东后巷 28 号　　邮编：100710

网　　址：http://www.cctpress.com

联系电话：010-64515150（发行部）　　010-64212247（总编室）
　　　　　010-64515210（事业部）　　010-64248236（印制部）

责任编辑：陈红雷

排　　版：北京九州迅驰传媒文化有限公司

印　　刷：北京九州迅驰传媒文化有限公司

开　　本：710 毫米×1000 毫米　1/16

印　　张：5.75　　　　　　　　字　　数：108 千字

版　　次：2024 年 12 月第 1 版　　印　　次：2024 年 12 月第 1 次印刷

书　　号：ISBN 978-7-5103-5404-5

定　　价：79.00 元

编　委　会

主　编：孙　钰　焦永杰　张晓惠

副主编：张　斌　康　磊　陈　红　孙国鼎

编　委：

第一章：朱　洁　周　莹　王冬梅　吴宇峰　檀翠玲

第二章：周元驰　耿世伟　么　旭　张　静　夏　旗

第三章：王　越　杨　浩　刘　畅　董　菁　盛紫祎

第四章：张志丹　苏　畅　王艳霞　张金凤　崔晓辉

第五章：陈文静　左　娆　郑　洁　夏　宣　夏　添

前　言

当前，我国大气、水、土壤污染防治工作取得积极进展，环境质量持续改善，"天蓝水清"正在成为现实。但与此同时，新污染物引发的环境和健康风险正逐步受到社会各界的广泛关注。

2022 年 5 月，国务院办公厅印发《新污染物治理行动方案》，对新污染物治理工作进行全面系统部署，明确了新污染物治理对促进以更高标准打好蓝天、碧水、净土保卫战，提升美丽中国、健康中国建设水平的重要战略作用。党的二十大报告在部署深入推进环境污染防治时，明确提出开展新污染物治理的重要任务，提升了相关工作在生态文明建设、美丽中国建设中的战略定位。2023 年 12 月，《中共中央 国务院关于全面推进美丽中国建设的意见》明确到 2035 年，新污染物环境风险得到有效管控，带动化学品环境管理工作进入新阶段。

本书以简单易懂的方式介绍了什么是新污染物，系统梳理了新污染物治理的背景、意义，以及对我国化学物质管理的历程和发达国家化学品管理经验进行了归纳与总结，最后提出了实现路径。

本书可供从事化学品管理、新污染物治理的科研人员、工程技术人员和管理人员参考，普及新污染物及新污染物治理知识，为落实《新污染物治理行动方案》要求，加强法律法规政策宣传解读，开展新污染物治理科普宣传教育提供素材。

新污染物治理是一个长期工程，目前尚处于刚起步阶段，"十四五"时期重点以"打基础、建体系"为主,需要我们在未来笔耕不辍、不断创新,构建以"筛、评、控"为主线的环境风险防控体系和覆盖源头、过程、末端环节的全过程治理体系。因此,本书作为一个阶段性成果,我们将根据未来新污染物治理取得成果,对其不断完善。

本书的编写和出版得到了天津市生态环境科学研究院、天津经济技术开发区生态环境局的大力支持和帮助,在此表示感谢!此外还要感谢夏添对本书编写和审校所做的工作。

同时,在本书编写和出版过程中,天津大学环境科学与工程学院童银栋教授、关春峰教授审读了本书,并提出了宝贵意见,在此一并致谢!

编　者

二〇二四年　七月

目　　录

◀◀ 第一章 ▶▶

新污染物概述

第一节　新污染物基本概念

当前，国际国内尚无新污染物的权威定义。从基础科学研究领域角度出发，主要关注在危害特性或致毒机理等方面有待进一步深入探究的新污染物。从保障国家生态环境安全和人民群众身体健康安全的角度出发，可以认为新污染物是指排放到环境中的具有生物毒性、环境持久性、生物累积性等特征，对生态环境或者人体健康存在较大风险，但尚未纳入管理或现有管理措施不足的有毒有害化学物质。

第二节　新污染物主要特点

一、危害严重性

新污染物多具有器官毒性、神经毒性、生殖和发育毒性、免疫毒性、内分泌干扰效应、致癌性、致畸性等多种生物毒性，它的产生与存在往往与人类生活息息相关，对生态环境和人体健康很容易造成严重影响。

二、风险隐蔽性

多数新污染物的短期危害不明显，即便在环境中存在多年，人们并未将其视为有害物质，而一旦发现其危害性时，它们已经通过各种途径进入环境介质中。

三、环境持久性

新污染物多具有环境持久性和生物累积性，可长期蓄积在环境中和生物体内，并沿食物链富集，或者随着空气、水流长距离迁移。

四、来源广泛性

我国现有化学物质约 4.5 万余种，每年还新增上千种新化学物质。这些化学物质在生产、加工使用、消费和废弃处置的全过程不仅可能存在环境排放，还可能来自无意产生的污染物或降解产物。

五、治理复杂性

对于具有持久性和生物累积性的新污染物，即使达标排放，以低剂量排放进入环境，也将在生物体内不断累积并随食物链逐渐富集，进而危害环境生物和人体健康。因此，以达标排放为主要手段的常规污染物治理，无法实现对新污染物的全过程环境风险管控。此外，新污染物涉及行业众多，产业链长，替代品和替代技术不易研发，需多部门跨界协同治理。

第三节　新污染物主要类别

新污染物种类繁多，目前全球关注的新污染物超过 20 大类，每一类又包含数十或上百种化学物质。随着对化学物质环境和健康危害认识的不断深入，以及环境监测技术的不断发展，新污染物的类型和数量也会不断发生变化。有毒有害化学物质的生产使用是环境中新污染物的主要来源。目前，国内外广泛关注的新污染物有四大类：一是持久性有机污染物，二是内分泌干扰物，三是抗生素，四是微塑料。

一、持久性有机污染物

持久性有机污染物（Persistent Organic Pollutants，以下简称 POPs）是指具有环境持久性、生物蓄积性、远距离环境迁移的潜力，并对人体健康或生态环境产生不利影响的有机污染物。

（一）持久性有机污染物特点

1. 持久性

POPs 在自然环境中很难降解，可以在环境中长期存在。

2. 生物蓄积性

POPs 易在动物脂肪中蓄积，并沿着食物链浓缩放大，对人体健康危害大。

3. 远距离迁移性

POPs 可以远距离迁移，即使在人烟罕至的北极，也检测到了 POPs 的存在。

4. 高毒性

POPs 多具有致癌、致畸与致突变作用，对人类和动物的生殖、遗传、神经、内分泌等系统具有强烈的危害作用。

（二）POPs 的主要来源

第一类——杀虫剂：DDT、灭蚁灵、毒杀酚等，用于灭蚁、杀虫，目前已被 50 余个国家禁止，10 多个国家限制。

第二类——工业化学品：如多氯联苯（PCBs），用于变压器、电容器等电器设备以及油漆和塑料中，在我国已被禁止生产、加工使用、进出口。

第三类——生产中的副产品：二恶英和呋喃，其来源主要为城市垃圾、医院废弃物、木材及废家具的焚烧，汽车尾气，有色金属生产、铸造和炼焦、发电、水泥、石灰、砖、陶瓷、玻璃等工业不完全燃烧与热解。

（三）POPs 如何实现远距离迁移

POPs 通过"全球蒸馏效应"和"蚱蜢跳效应"实现长距离传输，在全球范围内迁移，已成为全世界广泛分布的环境污染物，从大气到海洋，从湖泊、江河到内陆池塘，从遥远的南极大陆到荒凉的雪域高原，从苔藓、谷物等植物到鱼类、飞鸟等动物，甚至乳汁、血液中无处不在。

全球蒸馏效应：从全球看，由于温度的差异，地球就像一个蒸馏装置，在低、中纬度地区，温度相对高，POPs 的挥发大于沉积，使它们不断进入大气中，并随着大气运动迁移；当温度较低时，POPs 沉积大于挥发，最终在较冷的极地地区积累下来。这就是在人烟罕至的北极也能发现有 POPs 的原因。

蚱蜢跳效应：化合物的物理化学特性及地理环境因素对 POPs "全球分配"的影响比 POPs 的排放地和传播途径更重要。在向高纬度迁移的过程中，POPs 会有一系列相对短的跳跃过程，因为在中纬度地区季节变化明显，在温度较高的夏季，POPs 易于挥发和迁移，而在温度较低的冬季，POPs 又易于沉降，总体表现出跳跃式跃迁。这就解释了为什么附近没有污染源，却发现有 POPs 累积的原因。

（四）《关于持久性有机污染物的斯德哥尔摩公约》及我国履约进展

为开展保护人类健康和环境免受 POPs 危害的全球行动，2001 年 5 月 22 日，《关于持久性有机污染物的斯德哥尔摩公约》在瑞典首都斯德哥尔摩通过，要求禁止和限制 POPs 生产、使用、进出口、人为源排放，管控好含 POPs 的废弃物与存货。2004 年 11 月 11 日，该公约对我国正式生效。

我国坚决向 POPs 污染宣战，健全 POPs 控制制度，推进源头绿色替代，强化过程协同减排，深化废物管理处置，POPs 控制取得显著成效。截至 2024 年，我国在 POPs 控制方面取得显著成效。

（1）全面淘汰 29 种类 POPs 的生产、使用和进出口，每年避免数十万吨 POPs 的生产和环境排放，有效防范相关农产品、消费品中 POPs 的健康风险。

（2）与 2004 年相比，生活垃圾焚烧行业烟气二噁英排放强度下降约 97%，钢铁行业铁矿石烧结工艺烟气二噁英排放强度下降约 70%，大气二噁英排放量总体降低 20%。

（3）在用含多氯联苯设备实现 100%下线，含多氯联苯废弃电力设备实现 100%环境无害化处置，已识别高风险农药用途类 POPs 污染场地实现 100%环境无害化管理。

二、内分泌干扰物

大脑垂体、甲状腺、肾上腺、生殖腺、胰腺等内分泌腺体受到刺激分泌激素，激素进入血液后，通过调节各种组织细胞的代谢活动来影响肌体的生长、发育和繁殖等生理活动。

内分泌干扰物（Endocrine Disrupting Chemicals，以下简称 EDCs），又称环境荷尔蒙或环境雌激素等，是一种外源性干扰内分泌系统的化学物质，通过摄入、积累等途径进入人体时，会让人体内的内分泌系统误认为是天然荷尔蒙，而加以吸收，占据了在人体细胞中正常荷尔蒙的位置，从而引发内分泌紊乱，造成人体正常激素调节失常、内分泌紊乱，从而对人体健康产生不利影响。

（一）EDCs 主要类别

过去近二十年间，科学界对内分泌干扰物化学类型的了解急剧增加。大量不同类型的化学物质已被确定为内分泌干扰物，包括材料和消费品（如药品、个人护理产品、电子产品、食品包装、服装等）的添加剂、金属和目前使用的农药。这些化学物质来源广泛，在生产、使用或处置过程中进入环境，如表 1-1。

表 1-1　内分泌干扰物类别及常见化学物质

序号	分类	化学物质*
1	持久性有机污染物（POPs）	PCDDs/PCDFs、PCBs、HCB、PFOS、PBDEs、PBBs、氯丹、灭蚁灵、毒杀酚、DDT/DDE、林丹、硫丹、HBCDD、SCCP、PFCAs、八氯苯乙烯、PCB 甲基砜
2	增塑剂及其他添加剂	邻苯二甲酸酯（DEHP、DBP、BBP、DINP）、磷酸三苯酯、二（2-乙基己基）己二酸、n-丁基苯、三氯二苯脲、丁基羟基茴香醚
3	多环芳香族化合物（PACs）	苯并（a）芘、苯并（a）蒽、芘、蒽
4	卤代酚类化学品（HPCs）	2，4-二氯苯酚、五氯酚、羟基-PCBs、羟基多溴联苯醚、四溴双酚 A、2，4，6-三溴苯酚、三氯生
5	非卤代酚类化学品（非 HPCs）	双酚 A、双酚 F、双酚 S、壬基酚、辛基酚、间苯二酚
6	农药	2，4-二氯苯氧乙酸、阿特拉津、西维因、马拉硫磷、代森锰锌、乙烯菌核利、咪鲜胺、腐霉利、毒死蜱、杀螟松、利谷隆
7	药品、生长促进剂和个人护理产品的成分	内分泌活性物质（己烯雌酚、炔雌醇、他莫昔芬、左西诺孕酮）、选择性血清素再摄取抑制剂（SSRIs；如氟西汀）、氟他胺、4-甲基亚苄基樟脑、辛基-甲氧基肉桂酸酯、环甲基硅氧烷（D4、D5、D6），佳乐麝香、3-亚苄基樟脑
8	金属和有机金属化学品	砷、镉、铅、汞、甲基汞、三丁基锡、三苯基锡
9	天然激素	12β-雌二醇、雌酮、睾酮
10	植物雌激素	异黄酮、香豆素、真菌毒素、异戊烯黄酮

*表中化学品全称及缩写见附录Ⅰ。

（二）EDCs 常见来源

存在于材料（如包装）、产品（如电子、家具、家用清洁剂）、个人护理产品（如化妆品、洗衣液、肥皂、洗发水）和药品（典型的药物活性成分）中，环境中主要内分泌干扰物的来源与用途见表 1-2。

表 1-2　环境中主要内分泌干扰物的来源与用途

序号	主要化学物质	来源与用途
1	多氯联苯（PCBs）	从 1929 年开始生产，直到 20 世纪 80 年代中期，被用作变压器油和电容器的绝缘剂，以及用作传热剂和建筑密封胶
2	二氯二苯三氯乙烷（DDT）	在第二次世界大战期间广泛应用于农业和非农业领域。从 20 世纪 40 年代到现在，全球 DDT 总产量约 4.5Mt。70 年代，在美国、西欧、日本等国禁止 DDT 使用，80 年代，我国和苏联禁止 DDT 使用。目前，由于缺少经济有效的替代品，在一些非洲、东南亚国家仍用 DDT 来控制疟疾
3	全氟辛烷磺酸（PFOS）	PFOS 通常被用作盐或通过酰胺或丙烯酸脂取代结合到较大的聚合物中，被纳入防污剂和其他表面涂层剂，相关产品在 2001、2002 年在美国和欧洲分阶段淘汰。2023 年 12 月 31 日，PFOS 在我国被禁止生产灭火泡沫药剂
4	六溴环十二烷（HBCD）	HBCD 生产于 20 世纪 70 年代，用作建筑保温材料的阻燃剂。我国自 2021 年 12 月 26 日起，禁止六溴环十二烷的生产、使用和进出口
5	全氟辛酸（PFOA）	PFOA 自 20 世纪 40 年代开始生产，作为乳化剂、表面活性剂应用于工业生产，目前，在我国 PFOA 除特定用途外，禁止生产、加工使用
6	邻苯二甲酸（2-乙基己基）酯（DEHP）	DEHP 作为增塑剂，被用于医疗器械、玩具、电缆、地板等材料中；作为添加剂，被用于印刷油墨、油漆、涂料、粘合剂、密封剂和橡胶中。在欧盟、美国，DEHP 被禁止或限制使用在儿童用品及玩具中

续表

序号	主要化学物质	来源与用途
7	苯并[a]芘（BaP）	由于化石燃料以及焦炉厂、冶炼厂中产品的不完全燃烧，BaP被广泛地释放到环境中。此外，吸烟或烧烤也是 BaP 的重要来源之一
8	三氯生	不仅广泛用于个人护理品中，也越来越多的应用于厨房餐具、玩具、床上用品、袜子、垃圾袋等消费品中
9	双酚 A（BPA）	BPA 用于生产聚碳酸酯塑料制品，可重复使用于婴儿奶瓶、水瓶、餐具、水管等食品和饮料容器中。目前，一些国家已经禁止在婴儿奶瓶中使用双酚 A 型聚碳酸酯
10	阿特拉津	广泛用于除草剂，目前欧盟已禁止其作为除草剂使用，其他国家仍有使用。在 21 世纪中期，美国年产量>35000t
11	乙烯菌核利	常被用作油籽作物、植物、水果、蔬菜的害虫防治，曾在欧洲广泛使用，直到 2007 年被禁止使用。目前在美国仅限于油菜和草坪
12	氟西汀	广泛用于抑郁症和焦虑、恐慌、强迫症以及进食障碍。主要是通过服用药物排出体外，在污水处理中不能被分解，进入环境

在生产、材料和产品的使用和处置过程中，以及在食品生产和加工过程中，内分泌干扰物通过自然过程被释放到水、土壤和大气中。

（三）EDCs 的环境暴露

一些内分泌干扰物在环境中较稳定，能通过食物链在野生动物和人体内蓄积到较高的浓度，并且可以通过胎盘或乳汁分别转运到发育中的胎儿和新生儿体内。

其他一些在体内环境中不稳定的内分泌干扰物，由于半衰期短，不仅不会在人类和野生动物体内停留很长时间，也不会产生生物蓄积，但是人类和野生动物能够持续地与它们接触。

三、抗生素

抗生素，又称抗菌素，是指由微生物（包括细菌、真菌、放线菌属）或高等动植物在生活过程中所产生的具有抗病原体或其他活性的一类次级代谢产物，能干扰其他生活细胞发育功能的化学物质。

1. 抗生素的特点

（1）抗生素的使用会导致病原微生物产生耐药性，使得抗生素能杀死细菌的有效剂量不断增加。

（2）低剂量的抗生素长期排入环境中，会造成敏感菌耐药性的增强。并且，耐药基因可以在环境中扩展和演化，对生态环境及人类健康造成潜在威胁。

（3）抗生素除了能引起细菌的抗药性，抗生素对其他生物也可能产生一定的毒性。

2. 抗生素的主要来源

现有的抗生素包括天然及人工合成的抗生素。

（1）天然抗生素由微生物产生。

（2）人工合成类抗生素是对天然抗生素进行结构改造获得的部分合成产品。

3. 抗生素主要类别

抗生素根据其化学结构与性质，可分为以下几类：β-内酰胺类、四环素类、氨基糖苷类、大环内酯类、糖肽类、喹诺酮类、林可酰胺类、磺胺类、其它类抗生素。

四、微塑料

微塑料是指直径小于 5 毫米的塑料颗粒，是一种造成环境污染的主要载体。

1. 微塑料的特点

（1）微塑料体积小，具有较高的比表面积，比表面积越大，吸附的污染物的能力越强。

（2）环境中已经存在大量的难溶于水的有机污染物，如多氯联苯、双酚 A 等持久性有机污染物，一旦微塑料和这些污染物相遇，就可聚集形成一个有机污染球体。

2. 微塑料的主要来源

微塑料分为主要来源分为初生微塑料和次生微塑料两大类：

（1）初生微塑料是指经过河流、污水处理厂等而排入水环境中的塑料颗粒工业产品，如化妆品等含有的微塑料颗粒或作为工业原料的塑料颗粒和树脂颗粒。

（2）次生微塑料是由大型塑料垃圾经过物理、化学和生物过程造成分裂和体积减小而成的塑料颗粒。

◀◀ 第二章 ▶▶

新污染物治理概述

第一节 新污染物治理的提出

党中央、国务院高度重视新污染物治理工作。近年来，习近平总书记在全国生态环境保护大会、中央政治局集体学习、中央全面深化改革委员会会议等多个重要场合，反复强调新污染物治理，从"对新的污染物治理开展专项研究"到"重视新污染物治理"再到"加强新污染物治理"，对新污染物治理工作的要求逐步深入，力度不断加大，治理工作的紧迫性凸显出来。国民经济和社会发展第十四个五年规划和 2035 年远景目标纲要提出了关于"重视新污染物治理"和"健全有毒有害化学物质环境风险管理体制"的要求。

表 2-1 习近平总书记关于开展新污染物治理的重要指示及党中央、国务院重要决策部署

时间	主要内容
2018 年 5 月	在全国生态环境保护大会上提出，要对新的污染物治理开展专项研究和前瞻研究
2020 年 10 月	在党的十九届五中全会强调，要重视新污染物治理
2021 年 4 月	在中央政治局第二十九次集体学习时强调，要重视新污染物治理
2021 年 8 月	中央全面深化改革委员会第二十一次会议强调，要加强固体废物和新污染物治理
2021 年 11 月	中共中央 国务院印发《关于深入打好污染防治攻坚战的意见》，在工作目标中明确到 2025 年新污染物治理能力明显增强，并要求制订实施新污染物治理行动方案

续表

时间	主要内容
2022 年 05 月	国务院办公厅印发《新污染物治理行动方案》,对新污染物治理工作进行全面部署
2022 年 10 月	党的二十大报告在部署"深入推进环境污染防治"时,明确提出"开展新污染物治理"的重要任务
2023 年 07 月	在全国生态环境保护大会上指出,把应对气候变化、新污染物治理等作为国家基础研究和科技创新重点领域

2024 年 3 月 6 日,政协联组会上,习近平总书记在看望参加全国政协十四届二次会议的民草科技界环境资源界委员并参加联组会时,听取关于新污染物治理有关情况的汇报后,对这项工作的开展给予肯定,提出"新污染物治理,这提的很及时,就是说要有治理的意识,让我们在这方面不至于落后"。

第二节　新污染物治理工作思路

一、新污染物治理总体要求

2022 年 5 月 4 日,国务院办公厅印发《新污染物治理行动方案》(国办发〔2022〕15 号),提出了构建有毒有害化学物质环境风险管理"筛、评、控"体系,以及"禁、减、治"的全过程管控体系,形成了以体系和能力建设为着力点、以"重点管控新污染物清单"为抓手的新污染物治理体系框架。

《新污染物治理行动方案》的发布,标志着我国化学品环境管理进入新阶段。

国务院办公厅关于印发
新污染物治理行动方案的通知
国办发〔2022〕15号

各省、自治区、直辖市人民政府，国务院各部委、
各直属机构：

《新污染物治理行动方案》已经国务院同意，
现印发给你们，请认真贯彻执行。

国务院办公厅
2022年5月4日

新污染物治理行动方案

一、总体要求
（一）指导思想
（二）工作原则
（三）主要目标

二、行动举措
（一）完善法规制度，建立健全新污染物治理体系。
（二）开展调查监测，评估新污染物环境风险状况。
（三）严格源头管控，防范新污染物产生。
（四）强化过程控制，减少新污染物排放。
（五）深化末端治理，降低新污染物环境风险。
（六）加强能力建设，夯实新污染物治理基础。

三、保障措施
（一）加强组织领导
（二）强化监督执法
（三）拓宽资金投入渠道
（四）加强宣传引导

二、新污染物治理工作思路

《新污染物治理行动方案》提出了新污染物治理的六项行动举措和四项保障措施。一方面，建体系、搭机制、强基础、提能力，提出建立健全有毒有害化学物质环境风险管理制度、完善法律法规和技术标准体系、建立跨部门协调机制、培养专业人才队伍等要求；另一方面，以"筛、评、控"为主线，提出覆盖全过程的环境风险评估和管控措施，形成贯穿全过程、涵盖各类别、采取多举措的治理体系，全面防范新污染物的环境风险。

（一）"筛"

以高关注、高产（用）量、高环境检出率、分散式用途的化学物质为重点，

开展环境与健康危害测试和风险筛查，筛选出潜在环境风险较大的污染物，纳入优先开展环境风险评估的范围。

（二）"评"

针对筛选出的优先评估化学物质，对其生产、加工使用、消费和废弃处置全生命周期进行科学的环境风险评估，精准锚定其中对环境与健康具有较大风险的新污染物作为重点管控对象。

（三）"控"

对于经"筛、评"确定的重点管控对象，实施以源头淘汰限制为主、兼顾过程减排和末端治理的全过程综合管控措施。

（四）"禁"

从源头预防新污染物进入环境，措施包括：禁止高危害或高环境风险新化学物质上市、禁止或限制高环境风险化学物质的生产使用、限制产品中高环境风险化学物质的含量等。

（五）"减"

旨在减少新污染物在生产、使用、消费过程中向环境的排放，主要措施包括实施强制性清洁生产审核、实施最佳可行技术、开展最佳环境实践、防范生产过程中向环境的无意泄露和释放等，同时，通过绿色设计、绿色产品研发等，减少新污染物的产生。

（六）"治"

统筹推动大气、水、土壤多环境介质协同治理，开展固体废物环境管理和土壤修复治理等，进一步减少新污染物对环境的影响。

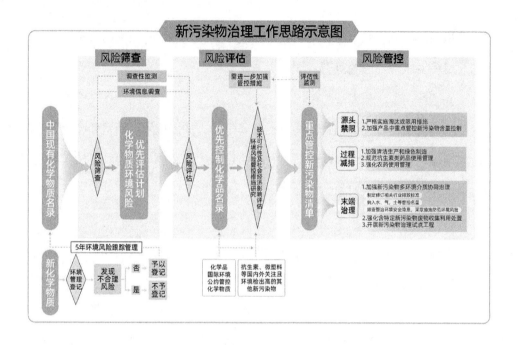

第三节　新污染物治理的目标

我国新污染物治理起步较晚，工作基础相对比较薄弱，面临法律法规、管理体制、科技支撑、资源配置等诸多不足和短板。新污染物治理工作亟需打基础、建体系、强能力。

"十四五"期间，新污染物治理工作重点是打通管控路径，构建管理体系，形成协调机制，做好重点示范。《新污染物治理行动方案》明确到 2025 年，完成高关注、高产（用）量的化学物质环境风险筛查，完成一批化学物质环境风险评估；

动态发布重点管控新污染物清单，对重点管控新污染物实施禁止、限制、限排等环境风险管控措施；逐步建立健全有毒有害化学物质环境风险管理法规制度体系和管理机制，增强新污染物治理能力，为实现新污染物长效治理起好步。

第四节　新污染物治理行动举措

与常规污染物相比，新污染物具有危害严重、环境风险隐蔽、不易降解、来源广泛、减排替代难度大、涉及领域多范围广等特点，治理存在诸多难点，仅靠达标排放等常规手段，无法实现有效防控新污染物环境风险的目标。因此，《新污染物治理行动方案》从环境风险预防角度出发，设计了"筛、评、控"为主线的防控工作思路，其中，"筛"和"评"是方法和基础，"控"是目的和手段，"筛"和"评"决定"控"的内容。

第一，开展新污染物精准筛查。一方面，针对农药、兽药、药品、化妆品等重点行业开展有毒有害化学物质筛查。另一方面，针对水体、沉积物和污染土壤等环境介质开展新污染物监测，摸清新污染物环境赋存底数。

第二，开展新污染物科学评估。针对筛选出的优先评估化学物质，对其生产、加工使用、消费和废弃处置全生命周期进行科学的环境风险评估，精准锚定其中对环境与健康具有较大风险的新污染物，建立相关人群不同场景下的暴露模型，评估人体健康风险，不断更新国家或地区重点管控新污染物名录。

第三，开展新污染物环境风险管控，对于经"筛、评"确定的重点管控对象，根据"一品一策"原则，实施以源头淘汰限制为主、兼顾过程减排和末端治理的"禁、减、治"全过程综合管控措施，包括：

① 严格落实新化学物质环境管理登记制度；

② 禁止、限制重点管控新污染物的生产、加工使用和进出口；

③ 实施强制性清洁生产审核，企业使用有毒有害原料信息公开；

④ 规范抗生素类药品使用管理，如严格零售药店凭处方销售处方药类抗菌药物、推行凭兽医处方销售使用兽用抗菌药等；

⑤ 加强农药使用管理，如加强登记管理，鼓励使用便于回收的大容量包装物，加强农药包装废弃物回收处理等；

⑥ 加强新污染物多环境介质协同治理，如排放（污）口及周边环境定期开展新污染物环境监测、公开新污染物信息、建立土壤污染隐患排查制度等；

⑦ 强化含特定新污染物废物的收集利用处置，如严格落实废药品、废农药以及抗生素生产过程中产生的废母液、废反应基和废培养基等废物的收集利用处置要求。

第五节　开展新污染物治理的重要意义

当前，我国生态文明建设进入了促进经济社会发展全面绿色转型、实现生态环境质量改善由量变到质变的关键时期，生态环境保护结构性、根源性、趋势性压力总体上尚未根本缓解，重点区域、重点行业污染问题仍然突出。新时代新征程开展新污染物治理对持续改善生态环境质量、切实保障人民群众身体健康、建设美丽中国具有重要意义。

（一）开展新污染物治理是贯彻落实党的二十大精神的具体行动

开展新污染物治理是深入打好污染防治攻坚战延伸深度、拓宽广度的重要任务，是有效防控有毒有害化学物质的环境风险、切实保障生态环境安全、人民群众身体健康安全和高品质生活的重要手段，是加快推动产业优化升级和高质量发展的重要助力。党的二十大报告在部署深入推进环境污染防治时，明确提出开展新污染物治理的重要任务，提升了相关工作在生态文明建设、美丽中国建设中的战略定位。将带动化学品环境管理工作进入新阶段。

（二）开展新污染物治理是加快发展方式绿色转型的有力抓手

推动经济社会发展绿色化、低碳化是实现高质量发展的关键环节。我国是化学品生产使用大国，但包括化工行业在内的原材料工业的中低端产品严重过剩，高端产品供给不足，不少在产在用的有毒有害化学物质是来自发达国家已经淘汰的产能。开展新污染物治理，严格实施源头淘汰或限用，加强产品中重点管控新污染物含量控制，依法淘汰涉新污染物落后产能，有利于优化相关产业结构和布局，促进绿色制造和绿色产品应用，推动形成绿色低碳的生产方式和生活方式。

（三）开展新污染物治理是深入推进环境污染防治的重要领域

当前，我国正处于实现生态环境质量改善由量变到质变的关键时期。有毒有害化学物质的生产和使用是新污染物的主要来源。我国化学物质生产使用基数大，但尚未对其环境与健康风险状况进行全面调查评估，底数不清，风险不明。开展新污染物治理，精准识别和管控严重危害生态环境及人体健康的有毒有害物质，有效防范新污染物环境与健康风险，持续改善生态环境质量，是深入打好污染防治攻坚战、拓宽广度、延伸深度的必然要求和具体体现。

（四）开展新污染物治理是积极参与全球环境治理的迫切需要

习近平总书记强调，要积极推动全球可持续发展，秉持人类命运共同体理念，积极参与全球环境治理。新污染物治理目标与联合国 2030 年可持续发展战略的多项目标、与我国批准加入的相关国际公约的目标是一致的，都是为了减少和消除危害人类健康和环境的化学品。开展新污染物治理，实现改善国内生态环境质量和参与全球环境治理及履约两个方面的统一，既是根据自身发展需要，做我们自己要做的事情，又是为稳步推进落实 2030 年可持续发展议程和全球环境公约履约工作贡献中国智慧、中国方案和中国力量，不断提升我国在全球环境治理体系中的话语权和影响力。

◄◄ 第三章 ►►

我国开展新污染物治理的实现路径

我国学者关于氟化物、有机磷酸酯、烷基酚等有毒化学物质的基础研究起步并不晚，目前已汇聚了一大批专家学者几十年的研究成果。《新污染物治理行动方案》的印发吹响了我国全面开展新污染物治理的号角，明确了"十四五"时期及今后一个时期新污染物治理工作目标和具体任务措施。

新化学物质环境管理登记、现有化学物质环境信息统计调查、新污染物环境调查监测和风险评估、动态发布《重点管控新污染物清单》、启动新污染物治理试点等一系列重大工作举措的实施，是当前我国立足新发展阶段，深入贯彻习近平生态文明思想，全面开展新污染物治理、坚决打好污染防治攻坚战的有力抓手。

第一节　严格落实
《新化学物质环境管理登记办法》

作为一项国际通行的化学品环境管理制度，新化学物质环境管理登记要求在新化学物质生产或者进口前，识别其环境危害，评估其生产、加工使用、废弃处置全生命周期的潜在环境风险，实施登记许可，建立源头管理的"防火墙"，防止具有不合理环境风险的新化学物质进入经济社会，防范这类化学物质损害生态环境和危害公众健康。

一、我国新化学物质环境管理登记的发展

2003 年，原国家环境保护总局印发《新化学物质环境管理办法》(国家环保总局令第 17 号，以下简称《老办法》)，2010 年进行了首次修订。经过多年实践，《老办法》一些规定已经不能适应当前的环境管理工作要求。

2020 年，在保持连续性、稳定性的基础上，为推动新化学物质环境管理登记工作与时俱进、完善发展，生态环境部印发《新化学物质环境管理登记办法》(生态环境部令第 12 号，以下简称《办法》)，并于 2021 年 1 月 1 日起实施。本次修订，旨在贯彻落实党中央、国务院关于打好污染防治攻坚战的决策部署，突出精准治污、科学治污、依法治污，推动生态环境质量持续好转。

二、《办法》主要内容

《办法》分为六个章节共 55 条。

第一章 总则（第 1～9 条）。规定了新化学物质环境管理登记的制定目的、适用范围、登记方式、职能分工以及法律效力等事项。

第二章 基本要求（第 10～14 条）。界定了新化学物质常规登记、简易登记和备案的适用标准，明确了办理登记申请人类别及其应对登记申请材料进行负责，申请人有权申请商业秘密保护，规定了测试机构应当取得检验检测机构资质认定，符合良好实验室管理规范，并对测试结果负责。

第三章 常规登记、简易登记和备案（第 15～37 条）。规定了常规登记和简易登记申请与受理、登记技术评审与决定及其变更、撤回与撤销的实施细则，并

对办理新化学物质环境管理备案应当提交的材料、信息变更以及定期公布等情况进行了说明。

第四章 跟踪管理（第38～45条）。明确了新化学物质的生产者、进口者、加工使用者应当履行相关信息传递责任、建立新化学物质活动情况记录制度、落实环境风险控制措施和环境管理要求并进行相关信息公开，同时应向国务院生态环境主管部门报告，并接受设区的市级环境主管部门的监督抽查。限定了不同类别新化学物质列入《中国现有化学物质名录》的条件和时间。

第五章 法律责任（第46～51条）。针对以不正当手段取得新化学物质环境管理登记的、未按要求报送报告相关信息的、未取得登记证生产或者进口的、未办理备案或者未按照备案信息生产或者进口的、未按照登记证的规定生产、进口或者加工使用的、未向下游用户传递规定信息的等违反《规定》的企事业单位，弄虚作假或者有其他失职行为，造成评审结果严重失实的专家委员会成员，以及出具虚假报告的测试机构分别规定了处罚细则。

第六章 附则（第52～55条）。定义了环境风险、高危害化学物质、新化学物质加工使用的范畴，规定了已办理新化学物质环境管理登记的有效性，明确了《办法》的负责解释部门及施行时间。

三、《办法》主要修订内容

本次修订重点围绕以下五个方面：

（1）聚焦环境风险，突出管控重点。从有效防范环境风险目的出发，明确管控重点为具有持久性、生物累积性、环境和健康危害性大，或在环境中可能长期存在并可能对生态环境和公众健康造成较大风险的新化学物质。

（2）优化申请要求，减轻企业负担。借鉴国际化学品环境管理经验，并基于我国多年管理实践，在不降低环境风险管控要求的前提下，优化了申请类型设置，将原简易申报调整为备案、原常规申报中低量级别调整为简易申报；同时，进一步优化了申报数据要求。

（3）细化登记标准，完善审批要求。《办法》修订后明确了予以登记、不予以登记的具体标准，还对其他不予登记的情形，以及重新申请登记、变更、撤回和撤销登记等情形进行了规定，突出了环境风险控制要求，强化了源头预防，增强了可操作性。

（4）强化事中事后监管，提高管理效率。《办法》提出了"两强化"和"三优化"的跟踪管理要求，强化了企业落实新化学物质环境风险控制的主体责任、强化环境风险控制措施针对性，优化了信息报告要求、监管方式及监管重点等。环境风险控制措施主要针对环境危害较大的新化学物质。登记后信息报告仅限于收集掌握管理迫切所需的信息。取消了每次活动报告和五年活动报告的相关要求，缩小了提交年度报告的对象范围。按照"双随机一公开"的原则，采用监督抽查方式进行，利于提高管理效率。

（5）跟踪新危害信息，持续防范环境风险。《办法》完善了登记后新危害信息与环境风险跟踪的有关规定，要求新化学物质的研究者、生产者、进口者和加工使用者发现新化学物质有新的环境或者健康危害特性或者环境风险的，应当及时向国务院生态环境主管部门报告；可能导致环境风险增加的，应当及时采取措施消除或者降低环境风险。国务院生态环境主管部门收到新危害等相关信息后，应当组织技术评审，必要时可以根据评审结果依法变更或者撤回相应的登记证。

四、《办法》实施后，相关企事业单位的责任和义务

从事新化学物质研究、生产、进口和加工使用的相关企业事业单位，主要责任和义务有以下几个方面：

（1）应当取得登记证或办理备案。在新化学物质生产前或者进口前，应当取得新化学物质环境管理常规登记证或者简易登记证，或者办理新化学物质环境管理备案。对已列入《中国现有化学物质名录》但实施新用途环境管理的化学物质，用于允许用途以外的其他工业用途的，应当在生产、进口或者加工使用前，办理新用途环境管理登记。

（2）应当防范和控制环境风险。在研究、生产、进口和加工使用过程中，应当采取有效措施，防范和控制新化学物质的环境风险。常规登记新化学物质的生产者和加工使用者，还应当通过其官方网站或者其他便于公众知晓的方式公开环境风险控制措施和环境管理要求落实情况。

（3）应当落实跟踪管理要求。新化学物质的生产者、进口者、加工使用者应当按《办法》规定，落实信息传递、资料记录保存和活动报告等跟踪管理要求。发现新化学物质有新的环境或者健康危害特性或者环境风险的，应当及时报告，对可能导致环境风险增加的，应当及时采取措施消除或者降低环境风险。

（4）应当接受监督抽查。生态环境主管部门依法开展环境监督抽查时，新化学物质的研究者、生产者、进口者和加工使用者，应当予以配合，并如实提供相关资料，接受监督抽查。

第二节　严格落实
《化学物质环境信息统计调查制度》

化学物质环境信息统计调查是排查重点管控新污染物企业、落实新污染物治理的一项基础性工作。有毒有害化学物质的生产和使用是新污染物的主要来源。新污染物危害具有潜在性和隐蔽性，短期内不易被察觉，一旦发现其危害性时，它们已经通过各种途径进入环境介质中，实施有毒有害化学物质的源头管控是新污染物治理的有效手段。

一、《化学物质环境信息统计调查制度》制订背景

为规范化学物质环境信息统计调查，贯彻党的二十大关于开展新污染物治理的重大决策部署，落实《新污染物治理行动方案》（国办发〔2022〕15 号）关于开展化学物质环境信息调查的要求，掌握高关注化学物质产业分布状况，开展化学物质环境风险筛查、评估、管控，以及履行《关于持久性有机污染物的斯德哥尔摩公约》《关于汞的水俣公约》提供可靠的数据资料和依据，生态环境部印发《化学物质环境信息统计调查制度》（环办固体函〔2023〕202 号），具体见表 3-1。

表 3-1　关于开展"化学物质环境信息统计调查"的部署要求

时间	主要内容
2022 年 5 月	《新污染物治理行动方案》要求"建立化学物质环境信息调查制度""2023 年底前，完成首轮化学物质基本信息调查和首批环境风险优先评估化学物质详细信息调查"
2023 年 2 月	全国生态环保工作会议做出部署，"加强固体废物和新污染物治理：推动落实新污染物治理行动方案，组织完成首轮化学物质环境信息调查，启动新污染物治理试点工程"
2023 年 5 月	全国固体废物与化学品环境管理培训会议做出部署"组织完成首轮化学物质环境信息调查，启动新污染物治理试点工程，淘汰一批持久性有机污染物"

二、化学物质环境信息统计调查内容

根据《化学物质环境信息统计调查制度》，调查的环境信息包括：基本信息、详细信息、重点管控信息、公约履约信息。

（1）基本信息主要包括：相关化学物质的生产使用的品种、数量、用途等。

（2）详细信息主要包括：相关化学物质的生产、加工使用、环境排放等。

（3）重点管控信息主要包括：重点管控新污染物环境风险措施落实情况等。

（4）公约履约信息主要包括：涉持久性有机污染物、汞及汞化合物的产能、产量、库存量、使用量、用途或去向等。

三、化学物质环境信息统计调查范围和调查对象

1. 调查范围

一是基本环境信息调查的化学物质，共计 3960 种类；二是详细环境信息调查的化学物质，共计 40 种类；三是重点管控信息调查的化学物质，共计 14 种类；四是公约履约信息调查的化学物质。四类化学物质来源及调查内容详见表 3-2。

表 3-2　化学物质来源及调查内容

调查项目	物质来源	调查种类	调查内容	调查频率
基本信息调查	属于高关注、高产（用）量、高环境检出率的化学物质	3960	相关化学物质的生产使用的品种、数量、用途等	三年 1 次
详细信息调查	来源于《第一批化学物质环境风险优先评估计划》、《优先控制化学品名录（第一批）、（第二批）》中的化学物质	40	相关化学物质的生产、加工使用、环境排放等	一年 1 次
重点管控信息调查	列入《重点管控新污染物清单》的化学物质	14	重点管控新污染物环境风险措施落实情况等	一年 1 次
公约履约信息调查	全氟辛基磺酸类化合物、十溴二苯醚、短链氯化石蜡、全氟辛酸及其盐类和相关化合物等持久性有机污染物，以及汞和汞化合物	-	涉持久性有机污染物、汞及汞化合物的产能、产量、库存量、使用量、用途或去向等	一年 1 次

2. 调查对象

根据《化学物质环境信息统计调查制度》，本次调查对象包括全国范围内属于国民经济行业分类中制造业（13-43）下的122个行业小类的生产、加工使用统计调查范围内化学物质的企业。

生产是指制造化学物质的活动；加工使用是指利用化学物质进行的生产经营等活动，不包括贸易、仓储、运输等活动和使用含化学物质的物品的活动。

将统计调查范围内化学物质用于实验室规模的研究或用作参照标准的企业无需填报。

第三节　有序开展新污染物环境
调查监测与风险评估

我国是化学品生产和使用大国，新污染物种类繁多、分布广泛、底数不清，环境与健康风险隐患大。开展新污染物环境调查监测与风险评估，是摸清新污染物环境赋存底数、有效防控新污染物环境与健康风险的重要途径。

一、新污染物环境调查监测与风险评估的背景

2021年12月，《"十四五"生态环境监测规划》首次提出了"关注潜在环境风险，启动新污染物监测试点"的要求，为地方开展新污染物监测提供了政策依

据。2022 年 5 月，《新污染物治理行动方案》明确要求"开展调查监测，评估新污染物环境风险状况""在重点地区、重点行业、典型工业园区开展新污染物环境调查试点"，探索建立新污染物环境调查监测与环境风险评估制度，2025 年年底前，初步建立新污染物环境调查监测体系。

二、新污染物环境调查监测

目前，我国新污染物环境监测以"监测试点"的形式开展。要求地方从服务新污染物治理出发，结合各地区化学物质环境信息调查结果和治理要求，制订符合当地实际情况的监测方案，对特定污染源主要关注新污染物开展监测分析，为治理提供依据。

（一）试点工作监测范围

各地区应至少选择 2 类有代表性的重点行业企业或典型工业园区，以及至少1 个人口密集区城镇生活污水处理厂作为监测对象。选择重点行业时，应从石化、涂料、纺织印染、橡胶、农药、电镀、制革、畜牧和水产养殖等，或本地区新污染物治理工作方案中列明的其他重点行业中选取。选择监测区域时，应选取新污染物潜在环境排放大、赋存水平高、环境风险高的区域。鼓励有条件地区结合自身情况开展微塑料监测试点。

（二）监测项目及监测介质

1. 监测项目

试点地区应根据所选的重点企业、典型工业园区的行业生产、使用情况，对照表 3-3，同时参考《化学物质环境信息统计调查制度》基本环境信息调查重点关注的化学物质，结合监测技术能力，确定开展监测的项目。有条件开展靶向/非靶向筛查的地区，筛查结果也可作为监测项目的参考依据。

表 3-3　新污染物环境监测项目清单

序号	名录	时间
1	《重点管控新污染物清单（2023 年版）》（生态环境部第 28 号令）	2022 年 12 月
2	《第一批化学物质环境风险优先评估计划》（环办固体〔2022〕32 号）	2022 年 12 月
3	《优先控制化学品名录（第一批）》（公告 2017 年 第 83 号）	2017 年 12 月
4	《优先控制化学品名录（第二批）》（公告 2020 年 第 47 号）	2020 年 11 月

2. 监测介质

各试点地区应根据相关监测项目的物理化学性质，选择潜在赋存高的环境介质开展监测。针对污水、周边地表水、周边地下水、周边土壤、周边大气以及海水等介质，各地区应结合管控需求和技术能力选择新污染物监测介质。

（三）监测频次与点位设置

1. 监测频次

针对周边地表水，应在丰、枯（平）水期各开展 1 次监测。

针对污水，应与周边地表水监测同期开展，按照《污水监测技术规范》（HJ91.1-2019）的相关要求，根据排污单位的生产工况和生产周期确定采样方式和采样频次。

有条件的地区可开展地下水、土壤等其他介质监测。

各地区可因地制宜，适当增加监测频次。

2. 监测点位

污水：对于非入园企业，在企业总排口设置监测点位；对于典型工业园区，在涉监测项目的代表性企业的排口、园区集中污水处理厂总排口设置监测点位；城镇生活污水处理厂在处理设施入水口和总排口设置监测点位。

周边地表水：在被测企业、园区或城镇生活污水处理厂排放涉及河流（湖、库）的下游设置控制断面、上游设置对照断面，涉及河流足够长时设置消减断面。

地下水：针对浅层地下水，在地下水污染源的上游、中心、两侧及下游区分别布设监测点。

土壤：在企业或园区年主导风的下风向（靠近污染源的最大落地浓度区）设置监测点位，同时在上风向、远离污染源处布设对照点。

环境空气：在选定的企业或园区的污染监控点（源的主导风向和第二主导风向的下风向的最大落地浓度区），进行环境空气监测点位布设，原则上应包含上风向对照点和下风向污染监测点。

海水：按照断面布点和网格化布点原则，结合考虑上游入海河流等因素，在河流入海口、近岸和近海由密到疏设置监测点位。

沉积物：同地表水或海水监测点位。

表3-4 不同环境介质监测点位设置依据

序号	环境介质	监测点位设置依据
1	污水	《污水监测技术规范》（HJ 91.1-2019）
2	地表水	《地表水环境质量监测技术规范》（HJ 91.2-2022）

序号	环境介质	监测点位设置依据
3	地下水	《地下水环境监测技术规范》（HJ 164-2020）
4	土壤	《土壤环境监测技术规范》（HJ/T 166-2004）、《环境影响评价技术导则 土壤环境（试行）》（HJ 964-2018）
5	环境空气	《环境空气质量监测点位布设技术规范（试行）》（HJ 664-2013）
6	海水	《海洋监测规范 第 1 部分：总则》（GB17378.1-2007）、《近岸海域环境监测技术规范 第一部分 总则》（HJ 442.1-2020）
7	沉积物	《近岸海域环境监测技术规范 第四部分 近岸海域沉积物监测》（HJ 442.4-2020）

三、化学物质环境与健康风险评估

构建有毒有害化学物质环境风险管理技术体系，系统推动新污染物治理，"筛"和"评"是方法，"控"是目的和手段。开展化学物质调查和新污染物环境监测为"筛"奠定了基础，开展化学物质环境与健康风险评估则为"控"提供了依据。

（一）化学物质评估的内容

为贯彻落实《新污染物治理行动方案》，有序推进环境风险评估的有关要求，针对《第一批化学物质环境风险优先评估计划》（环办固体〔2022〕32 号）涉及的化学物质启动环境与健康风险评估。

（二）化学物质评估的目标

评估工作旨在积累涉及优先评估化学物质生产、加工、使用或废弃处置全生命周期不同排放场景的基础数据，以及典型流域区域的环境暴露参数，明晰评估化学物质在关键排放场景下的环境暴露水平,初步识别地区优评物质的环境风险,提升环境风险评估能力,为制定《重点管控新污染物清单》提供技术支撑。

(三)化学物质评估的工作要点

(1)根据《第一批化学物质环境风险优先评估计划》涉及化学物质,结合本地区化学物质环境信息统计调查、环境试点监测等工作,因地制宜选择拟评估化学物质。

(2)通过开展数据信息收集、现场踏勘和人员访谈,获取地区社会经济及自然条件资料,判断优先评估物质的排放影响范围。

(3)分析化学物质全生命周期内的所有用途,分别构建排放场景,估算每类排放场景排放量。

(4)通过分析化学物质的环境赋存状况、时间、空间变化分布规律,结合其生产、使用及排放活动的分布,明确不同场景下物质在不同环境介质中的暴露浓度。

(5)计算优评物质在不同场景下的环境风险表征比值,通过定性与定量相结合的方式,分析化学物质的环境风险。

第四节　动态发布《重点管控新污染物清单》

贯彻落实《新污染物治理行动方案》要求,动态发布重点管控新污染物清单及其禁止、限制、限排等环境风险管控措施。

2022 年 12 月，生态环境部会同工业和信息化部、农业农村部、商务部、海关总署、市场监督管理总局等部门共同制定了《重点管控新污染物清单》(以下简称《清单》)。《清单》以有效防范新污染物环境与健康风险为核心，遵循全生命周期环境风险管理理念，精准识别需要重点管控的新污染物，提出了包含四类 14 种类重点管控新污染物。

一、《清单》出台的背景和意义

《中共中央 国务院关于深入打好污染防治攻坚战的意见》把新污染物治理能力明显增强作为"十四五"时期主要目标予以部署，并明确提出要强化源头准入，动态发布重点管控新污染物清单及其禁止、限制、限排等环境风险管控措施。2022 年 5 月，国务院办公厅印发《新污染物治理行动方案》，对新污染物治理工作进行全面部署，进一步明确要求 2022 年发布首批重点管控新污染物清单。

《清单》以精准治污、科学治污、依法治污为工作方针，以重点管控的新污染物为抓手，依法实施分类治理、全过程环境风险管控，推动形成贯穿全过程、涵盖各类别、采取多举措的治理体系，为以更高标准打好蓝天、碧水、净土保卫战提供新的目标靶向，有效支撑深入打好污染防治攻坚战，提升美丽中国、健康中国建设水平。

发布《清单》，是落实党中央、国务院决策部署的具体举措，进一步明确了目前新污染物治理"治什么、怎么治"，是全面落实《行动方案》的主要抓手，防控突出的新污染物环境风险，切实保障生态环境安全和人民群众身体健康。

二、《清单》的主要内容

《清单》由正文和附表组成。

正文包括编制依据、编制原则、管控要求、部门职责、动态调整、生效日期六个部分，详见表3-5。附表中包括四类14种类重点管控新污染物的名称、对应的化学文摘社登记号（CAS号）及其主要环境风险管控措施。

表3-5 《重点管控新污染物清单（2023年版）》正文

序号	章节	备注
1	编制依据	《中华人民共和国环境保护法》《中共中央 国务院关于深入打好污染防治攻坚战的意见》以及国务院办公厅印发的《行动方案》等相关法律法规和文件
2	编制原则	按照《行动方案》有关要求，根据有毒有害化学物质的环境风险，结合监管实际，经过技术可行性和经济社会影响评估后，确定列入《清单》的新污染物
3	管控要求	按照《意见》有关要求，对列入《清单》的新污染物，应当采取禁止、限制、限排等环境风险管控措施
4	部门职责	根据有关法律法规，各级生态环境、工业和信息化、农业农村、商务、市场监督管理等部门以及海关，应当按照职责分工依法加强对新污染物的管控、治理
5	动态调整	按照《意见》有关要求，动态发布重点管控新污染物清单及其禁止、限制、限排等环境风险管控措施
6	生效日期	按照《规章制定程序条例》的相关规定，《清单》的生效日期为2023年3月1日

三、《清单》的总体思路

《清单》以习近平生态文明思想为指导，坚持稳中求进工作总基调，统筹发展与保护，坚持系统观念和问题导向，遵循全生命周期环境风险管理理念，聚焦新污染物环境与健康风险，突出精准治污、科学治污、依法治污。

一是重点关注环境和健康危害大且在我国环境风险已经显现的、群众反映强烈的，以及国际社会广泛关注的、国际环境公约管控的新污染物，精准识别首批重点管控新污染物；

二是深入分析每个新污染物全生命周期可能产生环境风险的主要环节，坚持问题导向，精准发力，分类治理，科学制定"一品一策"的全生命周期环境风险管控措施，并强化对环境风险管控措施的社会经济影响评估；

三是在《清单》有关措施的落实方面，明确各有关部门应按照国家有关法律法规的规定，依法对重点管控新污染物实施监督管理，压实企业主体责任。

四、《清单》规定的主要环境风险管控措施

《清单》主要包括四类14种类新污染物，见表3-6。

表3-6

编号	新污染物类别	依据	主要管控措施
1—9	持久性有机污染物	《关于持久性有机污染物的斯德哥尔摩公约》	采取以源头禁止或者限制为主的环境风险管控措施
10—11	挥发性有机物	《有毒有害大气污染物名录》《有毒有害水污染物名录》	采取用途限制、产品中含量限制、污染物排放管控和环境风险预警等环境风险管控措施

续表

编号	新污染物类别	依据	主要管控措施
12	环境内分泌干扰物	近期社会高度关注	一是禁止使用壬基酚作为助剂生产农药产品；二是禁止使用壬基酚生产壬基酚聚氧乙烯醚；三是禁止将壬基酚用作化妆品组分
13	抗生素类	国内外高关注	一是减少过量和不规范使用产生的环境排放；二是对抗生素生产过程中产生的抗生素菌渣实施环境管理；三是严格落实《发酵类制药工业水污染物排放标准》等相关排放管控要求
14	已淘汰 POPs	国内外高关注	继续严格落实现行的源头禁止、固废环境管理和土壤污染风险管控要求

五、高效推进《清单》实施

一是做好宣传解读，让管理部门掌握好管理要求，让企业充分了解合规要求，有效发挥社会监督作用。

二是加强部门间工作协同，共同推进《清单》的各项环境风险管控措施有效落实落地落细。

三是研究将《清单》落实情况纳入生态环境保护相关考核，压实地方责任。

第五节 启动新污染物治理试点

《新污染物治理行动方案》鼓励地方聚焦石化、涂料、纺织印染、橡胶、农药、医药等行业，在重点流域、重点地区，选取一批重点企业和企业聚集区开展新污染物治理试点工程。2023 年全国生态环保工作会议做出"启动新污染物治理试点工程"的工作部署。

一、形成一批新污染物治理示范技术

以优先控制化学品、优先评估化学物质以及基本环境信息调查重点关注的化学物质为重点，开展靶向筛查，各地区因地制宜制定本地区重点管控新污染物补充清单，加强新污染物多环境介质协同治理，强化含特定新污染物废物的收集利用处置，形成一批有毒有害化学物质绿色替代、新污染物减排以及污水污泥、废液废渣中新污染物治理示范技术。

二、激励与监管并举，压实企业主体责任

鼓励有条件的地方制定激励政策，推动企业先行先试，减少新污染物的产生和排放。加强国家和地方新污染物治理的监督、执法与监测能力建设，督促企业落实化学物质管理主体责任，严格落实国家和地方新污染物治理要求。

◄◄ 第四章 ►►

国内外开展化学物质管理的经验

第一节　我国化学品管理相关政策和制度

一、我国化学品管理政策历史沿革

我国化学品管理起步于20世纪80年代。1982年，先后颁布了《农药登记规定》《农药安全使用规定》，主要对农药进口、生产进行登记管理，这是我国最早发布的关于化学品管理的规范性文件。1989年，我国成立国家环保局有毒化学品环境管理办公室，并在各省、自治区和直辖市环境保护局设立联络员。

20世纪90年代，组建了固体废物和化学品管理处，对全国化学品实行统一环境管理；颁布《固体废物污染环境防治法》，确立了化学品事故应急救援等阶段化学品管理优先领域；发布《化学品首次进口及有毒化学品进出口环境管理规定》，成立了国家环保总局化学品登记中心，加强化学品进出口管理；积极参加化学品环境管理的各项公约谈判和多项国际活动。

2000年以后，我国化学品管理能力不断提升。第一，扩展了化学品管理的内容，从农药、新化学物质、生产化学品、环境激素类化学品、有毒化学品的横向扩增，到化学品的登记、调查、评估、管控的纵向深入，化学品管理的内容不断丰富；第二，完善了化学品管理规章制度，出台了《新化学物质环境管理登记办法》《化学品环境风险防控"十二五"规划》等文件；第三，设立了化学品处，专门承担化学品环境管理和相关履约工作，动态发布《中国严格限制进出口的有毒化学品目录》《中国现有化学物质名录》《中国进出口受控消耗臭氧层物质名录》以及《重点环境管理危险化学品目录》；第四，组织化学品管理技术培训，定期开设全国化学品环境管理培训班。

"十三五"期间，制（修）定《大气污染防治法》《水污染防治法》《土壤污染防治法》，明确要求公布气、水、土有毒有害物质名录。2017年12月、2020年11月先后发布两批《优先控制化学品名录》，共筛选出40种/类化学品优先实施环境风险管控，并据此发布《有毒有害大气污染物名录》《有毒有害水污染物名录》。

2021年1月1日，《新化学物质环境管理登记办法》（生态环境部令第12号）全面施行，严防具有高环境和健康风险的有毒有害化学物质进入经济生活，并最终进入生态环境成为新污染物，为开展新污染物源头管控提供法制保障。2022年5月24日，国务院办公厅印发《新污染物治理行动方案》，部署新污染物治理工作。

二、我国化学品管理政策现状

（一）化学品管理机构设置

截至目前，《中国现有化学品目录》已收录了4.6万余种化学物质。按照物理、健康、环境危害分为3大类29项。化学品数量巨大，种类、用途繁多，在我国不同性质、不同用途的化学品受不同部门管制。其中，危险化学品由应急管理部管理，易制毒化学品、易制暴化学品受公安部管制，药品类易制毒化学品受卫生健康委员会管制，监控化学品受工业和信息化部管制，新化学物质、生产化学品、环境激素类化学品、有毒化学品由生态环境部开展环境管理，见图4-1。

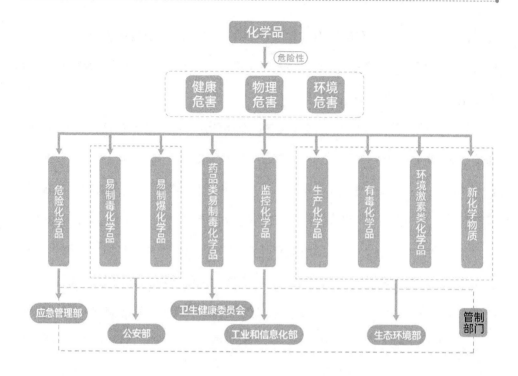

图 4-1　不同类型、用途化学品管制部门

（二）我国化学品管理法律法规

《宪法》规定保护和改善生活环境和生态环境，防治污染和其他公害，在此基础上颁布了《固体废物污染环境防治法》《大气污染防治法》《水污染防治法》《土壤污染防治法》《清洁生产促进法》和《循环经济促进法》，同时出台了新化学物质、消耗臭氧层物质、首次进口化学品及进出口有毒化学品管理办法和规定，见附表1。

（三）化学品管理名录

为加强进出口有毒、消耗臭氧层化学物质管理，生态环境部发布《中国严格限制的有毒化学品名录》《中国受控消耗臭氧层物质清单》；为预防和减少化学品对环境健康危害，依据"该管"原则先后发布了 2 批《优先控制化学品名录》。依据"能管"原则分别发布了土壤、水和大气的《有毒有害污染物名录》；为落实《新污染物治理行动方案》，2022 年 9 月发布了《重点管控新污染物清单》（征求意见稿），见表 4-1。

表 4-1　我国现行的化学品名录

名录	更新时间	内容
《中国严格限制的有毒化学品名录》	2020 年	8 种（类）
《中国受控消耗臭氧层物质清单》	2021 年	共 9 类 116 种物质
《优先控制化学品名录》	2017 年（第一批） 2020 年（第二批）	22 种/类化学品 18 种/类化学品
《重点管控的有毒有害土壤污染物名录》	2018 年	有毒有害物质[1]
《有毒有害水污染物名录（第一批）》	2019 年	10 种（类）
《有毒有害大气污染物名录（2018 年）》	2019 年	11 种（类）
《重点管控新污染物清单》	2022 年	14 种（类）

第二节　国外化学品管理相关政策和制度

在 DDT 和 PCBs 等化学品造成的严重环境和健康问题影响下，早在上世纪 70～80 年代，世界发达国家已开始建立专门的化学品管理法，并逐步建立了从化学品生产到废弃的一系列管理制度。进入21世纪以来，尤其推行"预先防范原则"和扩大化学品生产商风险责任的制度，如欧盟-REACH法规、美国《有毒物质控制法》和日本《化学物质审查法》。

一、欧盟-REACH法规

《化学品注册、评估、授权和限制制度》简称"REACH"，于2008年6月1日开始实施，是欧盟对进入其市场的所有化学品进行预防性管理的一项化学品管理法，要求生产商或进口商对其超过规定数量生产或进口的化学物质开展风险评价，并将评价结果报告给主管部分、下游用户和消费者。

（一）注册制度

当生产或进口的化学物质超过1吨/年时，生产商/进口商需向欧洲化学品管理署（ECHA）注册，注册成功后可获得注册码，如注册不成功则不能将对应产品投放欧盟市场。

（二）评估制度

评估分为档案评估和物质评估两部分。档案评估主要审核化学物质登记档案与规定是否相同，如果ECHA认定不符合规定，企业需及时补充信息；如ECHA认为该化学物质可能存在环境或健康风险，则需要开展物质评估。

（三）授权制度

许可制度适用于欧盟"高关注物质"（SVHC），即SVHC只有经过社会经济评价、并充分考虑其替代品，只有获得监管部门授权许可后才可以被用于某一特定用途。欧盟从 SVHC 中筛选出对人类健康和环境危害较大的物质列入 Annex XIV（授权物质清单），对列入清单物质其供应链上的生产商、进口商或下游使用者必须对物质及其用途进行申请，才能获得使用及投放欧盟市场的权利。截至 2022 年 6 月，ECHA 已公布了 27 批共 224 项 SVHC 物质，砷类、蒽油类、邻苯酸盐类、硼酸类、钴盐类、镉盐类等物质。

（四）限制制度

当物质投放市场后，如果有证据表明其对人类将抗和环境造成的风险无法有效控制，则该物质在欧盟范围内可能被限制，限制措施包括禁止在一些物质的使用、禁止消费者使用和全部禁止三个层次。

二、美国《有毒物质控制法》

美国《有毒物质控制法》简称"TSCA"，于 1976 年开始实施（2016 年第三次修订），涵盖了商业化学品报告、记录、跟踪、测试和使用限制等一系列管理制度，其主管部门为美国环境保护署（EPA）。TSCA 将美国境内的化学物质分为"现有物质"和"新物质"，目前现有物质名录已多达 85000 种（包括保密物质和公开物质）。

（一）现有化学物质

针对现有化学物质，企业需定期报告物质制造或进口吨位数，根据吨位范围，判断是否报告化学物质的指定用途和可能受暴露的工人人数等信息，必要时进行毒理试验和评估；当现有物质产生新用途时，企业需要进行新用途申报。

（二）新化学物质

企业需要在新物质（豁免除外）商业生产或进口前 90 天向 EPA 提交预生产申报，申报通过审核后，新物质列入 TSCA 现有物质名录。

三、日本《化学物质审查法》

日本《化学物质审查法》简称"CSCL"，于 1973 年颁布（2017 年修订），是世界上第一部管控化学物质风险的法规。CSCL 对日本境内生产或进口的工业化学品进行风险管理，主要包括新化学物质审查、风险评估、分级管理、基本信息报告等制度。

（一）不同物质监管措施

根据对人类健康/环境的危害及暴露水平，将化学物质分为 7 类，分别采取不同的监管措施，见表 4-2。

表 4-2   不同化学物质监管措施

化学物质分类	适用范围	监管措施
优先评估化学物质（PACs）（267 种）	对人类健康或环境具有长期毒性的化学物质	年进口/生产量≥1 吨时，需提供化学品年度报告； 进口商或生产商可能被要求提供更多的危害数据
监测化学物质（41 种）	具有高持久性和高生物蓄积性，且长期毒性未知的现有化学物质	年进口/生产量≥1 吨时，需提供化学品年度报告； 进口商或生产商可能被要求调查化学品对人类或高等捕食动物的长期毒性

续表

化学物质分类	适用范围	监管措施
特定化学物质（类别Ⅰ）（34种）	在环境中具有持久性、高生物蓄积性（BCF＞5000），且对人类具有长期毒性风险的化学物质	生产或进口前需要提前获得许可；含有此类化学物质的特定物品禁止进口
特定化学物质（类别Ⅱ）（23种）	对人类或环境具有长期毒性风险的化学物质	正式生产/进口前后，需分别通报拟生产/进口的吨位和实际生产/进口吨位；政府可要求企业改变实际生产/进口吨位，同时要求企业提供含有此类物质的物品的技术指南和建议
豁免化学物质（49张）	被证实对人类/环境没有危害的化学物质	免于化学品年度报告
一般化学物质	不属于PACs、特定化学物质（Ⅰ、Ⅱ）、监测化学物质以及豁免化学物质以外的其他现有化学物质	年进口或生产量≥1时，需递交化学品年度报告
新化学物质	不属于PACs、特定化学物质（Ⅰ、Ⅱ）、监测化学物质以及豁免化学物质以外的其他新化学物质	在进口或生产前，需至少提前3个月向MHLW、METI和MOE①进行通报。根据企业申报材料，结合物质危害信息和暴露水平，对物质的健康和环境风险进行评估分级，并最终划入PACs、特定化学物质等管理目录

注①：MHLW-日本中央省厅医疗卫生和社会保障部；METI-经济产业部；MOE-环境部。

（二）基本信息报告制度

CSCL 要求生产、进口化学物质超过 1 吨的企业每年向政府报告上一年度化学物质的生产、进口等相关信息。一方面，是收集化学物质潜在暴露数据，为筛选评估提供数据支持；另一方面，是加强新化学物质登记后管理，及时发现问题。企业需在每年 6 月 30 日之前提供基本信息报告，报告上一年度化学物质生产、进口情况。

◀◀ 第五章 ▶▶

开展新污染物治理面临的困难与挑战

我国新污染物治理起步较晚，与面临的形势和要求相比仍存在诸多短板，突出体现在法律法规体系不完善、跨部门协调机制不健全、调查监测基础薄弱、环境风险底数不清、人才队伍和科技支撑能力严重不足等方面。

第一节　新污染物是全球面临的共同挑战

新污染物环境风险是世界各国共同面对的环境问题。除具有持久性、生物累积性、致癌性、致畸性等多种生物毒性外，部分新污染物还具有远距离迁移的潜力，可随着空气、水或迁徙物种等做跨国际边界的迁移并沉积在远离其排放点的地区，造成世界性环境污染问题。新污染物治理工作需要全球行动。

自 20 世纪 70 年代开始，欧美日等发达国家和地区从保护生态环境和人体健康出发，开始立法管控有毒有害化学物质的环境风险。

1992 年 6 月，联合国环境与发展大会在巴西里约热内卢召开，大会通过《21 世纪议程》，这是世界范围内可持续发展的行动蓝图，明确了降低化学品、等相关全球环境风险计划。随后全球逐步采取行动，逐步管控了一些具有远距离迁移性并可能对全球造成环境和健康危害的新污染物。

2001 年 5 月，为开展保护人类健康和环境免受 POPs 危害的全球行动，国际社会通过《关于持久性有机污染物的斯德哥尔摩公约》(简称《斯德哥尔摩公约》)。目前，《斯德哥尔摩公约》管控的持久性有机污染物已达三十种类。通过全球行动，其中十余种类的生产和使用已在全球被淘汰，见表 5-1。

表 5-1　《斯德哥尔摩公约》管控物质及增列情况

公约要求	附件 A	附件 B	附件 C
首批受控（12 种）（2001.5）	艾试剂、狄氏剂、异狄氏剂、七氯、毒杀芬、多氯联苯、氯丹、灭蚁灵、六氯苯	滴滴涕	多氯二苯并对二噁英、多氯二苯并呋喃、六氯苯和多氯联苯
首次增列（9 种）（2009.5）	十氯酮、五氯苯、六溴联苯、林丹、α-六氯环己烷、β-六氯环己烷、商用五溴二苯醚和商用八溴二苯醚	全氟辛基磺酸(PFOS)及其盐类和全氟辛基磺酰氟(PFOSF)	五氯苯
第二次增列（1 种）（2011.4）	硫丹		
第三次增列（1 种）（2013.5）	六溴环十二烷		
第四次增列（3 种）（2015.5）	六氯丁二烯、五氯苯酚及其盐类和酯类		多氯萘
第五次增列（3 种）（2017.5）	短链氯化石蜡、十溴二苯醚		六氯丁二烯
第六次增列（2 种）（2019.5）	三氯杀螨醇、全氟辛酸及其盐类和相关化合物	全氟辛酸及其盐类和相关化合物	
第七次增列（1 种）（2022.5）	全氟己基磺酸（PFHxS）及其盐类和相关化合物		
第八次增列（3 种）（2023.5）	得克隆、甲氧滴滴涕、UV-328		

2015 年 9 月, 联合国可持续发展峰会在纽约召开, 联合国 193 个成员国达成了 17 项 2030 年可持续发展目标。其中目标 3、6 和 12 均涉及新污染物治理, 如到 2030 年, 大幅减少有毒有害化学品及空气、水和土壤污染导致的死亡和患病人数等, 见表 5-2。

表 5-2 17 项 2030 年可持续发展目标

目标 1. 在世界各地消除一切形式的贫穷
目标 2. 消除饥饿、实现粮食安全、改善营养和促进可持续农业
目标 3. 确保健康的生活方式、促进各年龄段所有人的福祉①
目标 4. 确保包容性和公平的优质教育, 促进全民享有终身学习机会
目标 5. 实现性别平等, 增强所有妇女和女童的权能
目标 6. 确保为所有人提供和可持续管理水和环境卫生②
目标 7. 确保人人获得负担得起、可靠和可持续的现代能源
目标 8. 促进持久、包容性和可持续经济增长、促进实现充分和生产性就业及人人有体面工作
目标 9. 建设有复原力的基础设施、促进具有包容性的可持续产业化, 并推动创新
目标 10. 减少国家内部和国家之间的不平等
目标 11. 建设具有包容性、安全、有复原力和可持续的城市和人类住区
目标 12. 确保可持续消费和生产模式③
目标 13. 采取紧急行动应对气候变化及其影响
目标 14. 保护和可持续利用海洋和海洋资源促进可持续发展
目标 15. 保护、恢复和促进可持续利用陆地生态系统、可持续管理森林、防治荒漠化、制止和扭转土地退化现象、遏制生物多样性的丧失
目标 16. 促进有利于可持续发展的和平和包容性社会、为所有人提供诉诸司法的机会、在各级建立有效、负责和包容性机构
目标 17. 加强实施手段、重振可持续发展全球伙伴关系

注:

① 到 2030 年,大幅减少危险化学品以及空气、水和土壤污染导致的死亡人数和患病人数。

② 到 2030 年,改善水质,为此需减少污染、消除倾倒废物现象、最大程度地减少危险化学品和材料的排放、将未经处理的废水比例减半、将全球回收利用和安全再利用的比例增加 x%。

③ 到 2030 年,根据商定的国际框架,实现化学品和所有废物在整个存在周期的无害环境管理,并大大减少它们散入空气以及渗漏到水和土壤中的机会,以尽可能降低它们对人类健康和环境造成的不良影响。

第二节 开展新污染物治理是长期任务

新污染物涉及面广,与经济发展和生产生活息息相关。我国是化学品生产和出口大国。既要发展好工农业,服务经济建设,也要实施化学物质环境管理,有效防范环境与健康风险,新污染物治理将是一项长期任务。

一、发展中国家新污染物治理的困境

由于化学品的生产、使用和处置从发达国家持续向新兴国家和发展中国家转移,这些国家对化学品的预防和管理相对比较薄弱,化学品为发展中国家的健康和环境带来的风险日益严重。

新兴国家与发展中国家为了经济发展和改善生计,越来越多地使用包括肥料和石油化学品、电子产品和塑料在内的化学品。根据联合国环境署《全球化学品展望》(Global Chemical Outlook),2017 年中国化学品销售额占全球 37.2%,预计 2030 年达到全球 50%。非洲和中东的化学品生产在 2012 年到 2020 年增长 40%,拉丁美洲增长 33%。人工合成的化学品正在迅速成为全世界废物和污染的最主要成分,增加了人类及其栖息地接触到的有害化学品的几率,化学品管理不善将导致巨大的经济损失,这些损失大部分不是由制造商或供应链上的其他人承担,而是由社会或个人承担。

- 在苏丹,研究显示,参与试用杀虫剂的农业活动会使孕妇的死亡风险提高至三倍。

- 在厄瓜多尔,一处采油厂附近居住的村民使用的洗澡水和饮用水中的石油烃含量比欧盟标准高出 288 倍。

- 2005 年到 2020 年,在撒哈拉以南的非洲,小规模农业使用的杀虫剂引发的伤病成本共计可达 900 亿美元。

国际公约、政府和企业虽采取了重大行动,在国内和国际提高安全无害地管理化学品的能力,但是进展缓慢,效果并不理想。

二、新污染物治理的技术难点

1. 难替代

对于《斯德哥尔摩公约》新增列和正在开展评估的化学品,如短链氯化石蜡、十溴二苯醚、得克隆、毒死蜱、紫外线吸收剂(UV-328)等,这些化学品的消费使用行业多,部分化学品与农业生产、生活用品、半导体、航天产品等必需品密切相关,如短链氯化石蜡年生产量规模可达上百万吨、毒死蜱涉及农业生产和粮食安全，而它们的替代品开发较为困难，在可获得性、性能、成本、环境与安全等方面，可能存在冲突，这会给未来新污染物治理带来巨大挑战。

2. 难识别

《斯德哥尔摩公约》在二十余年间仅列入 35 种类持久性有机污染物。有限研究信息显示，根据《斯德哥尔摩公约》的筛选标准，上述名录中同时符合持久性和生物累积性两个筛选标准的化学物质多达百余种，这百余种化学品是潜在需要管控的新污染物。识别评估出潜在需要管控的新污染物依赖数据调查、大量的科学研究成果、环境风险评估和管控的社会经济影响评价等。无论是美国《有毒物质控制法案》还是欧盟的《化学品注册、评估、许可和限制》法规，实施至今，一直都面临巨大数据和研究评估需求，未能完全实现最初设计法规对新污染物的管控目标。

3. 难治理

对于具有持久性和生物累积性的新污染物，即使达标排放，以低剂量排放进入环境，也将在生物体内不断累积并随食物链逐渐富集，进而危害环境生物和人体健康。因此，以达标排放为主要手段的常规污染物治理，无法实现对新污染物的全过程环境风险管控。此外，新污染物涉及行业众多，产业链长，替代品和替代技术不易研发，需多部门跨界协同治理。

新污染物涉及替代和减排量多、涉及产业规模大和产业链长，与工业和农业生产、生活密切相关。保护生态环境和人体健康与平衡经济发展的需求是实施新污染物治理重要基础。对新污染物治理要求全方位协同推进，任务极其艰巨。

参考文献

[1] 中华人民共和国国务院. 新污染物治理行动计划(国办发〔2022〕15 号) [S]. 北京：中华人民共和国国务院办公厅，2022

[2] 王金南. 专家解读|加强新污染物治理 以更高标准深入打好污染防治攻坚战[E]. 北京：中华人民共和国生态环境部固体废物与化学品司，2022

[3] 胡建信. 专家解读|与国际社会共同治理新污染物环境问题[E]. 北京：中华人民共和国生态环境部固体废物与化学品司，2022

[4] 周竹叶. 专家解读|严格落实《新污染物治理行动方案》 加快推进石化化工行业绿色发展[E]. 北京：中华人民共和国生态环境部固体废物与化学品司，2022

[5] 刘国正. 专家解读|构建有毒有害化学物质环境风险管理"筛评控"体系 系统推动新污染物治理[E]. 北京：中华人民共和国生态环境部固体废物与化学品司，2022

[6] 王金南. 系列解读|加强新污染物治理 统筹推动有毒有害化学物质环境风险管理[E]. 北京：中华人民共和国生态环境部固体废物与化学品司，2021

[7] 中华人民共和国生态环境部. 《重点管控新污染物清单（2023 年版）》[答记者问，E]. 北京：中华人民共和国生态环境部固体废物与化学品司，2023

[8] 丁琼，发言，2023 年 6 月 26 日，成都，在 2023 年全国新污染物培训班上的讲话

[9] 内分泌干扰物的科学现状[M]/（瑞典）阿克伯格曼等著；常兵，丁刚强，刘志勇主译. 北京：科学出版社，2018.3

[10] 中华人民共和国生态环境部. 中国持久性有机污染物控制（2004-2024 年）[R]. 北京. 2024.

[11] 中华人民共和国生态环境部. 《新化学物质环境管理登记办法》[答记者问，E]. 北京：中华人民共和国生态环境部固体废物与化学品司，2023

◄◄ 附录 I ►►

本书中提到的化学物质通用名、

化学品及缩写

本书中提到的化学物质通用名、化学品及缩写

通用名	化学名/其他常用名	CAS 号	分类和用途
PCDDs	多氯二苯并-对-二噁英		燃烧或工业生产的副产物
PCDFs	多氯二苯并呋喃		燃烧或工业生产的副产物
PCBs	多氯联苯		工业产品添加剂
HCB	六氯苯	118-74-1	含氯的芳香剂
PFOS	全氟辛磺酸	2795-39-3，1763-23-1	全氟烷基磺酸盐
PBDEs	多溴二苯醚		阻燃剂
PBBs	多溴联苯		溴化阻燃剂
DDT	二氯二苯三氯乙烷	50-29-3	有机氯杀虫剂
DDE	二氯二苯二氯乙烯	72-55-9	DDT 代谢物
HBCDD	六溴环十二烷	25637-99-4	溴化阻燃剂
SCCP	氯化石蜡	63449-39-8，85535-84-8	阻燃剂，塑化剂
PFCAs	全氟羧酸类化合物		
PCB 甲基砜（MeSO2-PCB）	4-甲基磺酰基-2，2'，3，4'，5'，6--六氯联苯	116806-76-9	PCB 代谢物
DEHP	邻苯二甲酸二（2-乙基己基）酯	117-81-7	邻苯二甲酸酯
DBP	邻苯二甲酸二丁酯	84-74-2	邻苯二甲酸酯（盐）
BBP	邻苯二甲酸丁苄酯	85-68-7	邻苯二甲酸酯
DINP	邻苯二甲酸二异壬酯	28553-12-0	邻苯二甲酸酯（盐）
D4	八甲基环四硅氧烷	556-67-2	环硅氧烷
D5	十甲基环戊硅氧烷	541-02-6	环硅氧烷
D6	十二甲基环己硅氧烷	540-97-6	环硅氧烷

◀◀ 附录 II ▶▶

《新污染物治理行动方案》

新污染物治理行动方案

国办发〔2022〕15号

有毒有害化学物质的生产和使用是新污染物的主要来源。目前，国内外广泛关注的新污染物主要包括国际公约管控的持久性有机污染物、内分泌干扰物、抗生素等。为深入贯彻落实党中央、国务院决策部署，加强新污染物治理，切实保障生态环境安全和人民健康，制定本行动方案。

一、总体要求

（一）指导思想

以习近平新时代中国特色社会主义思想为指导，全面贯彻党的十九大和十九届历次全会精神，深入贯彻习近平生态文明思想，立足新发展阶段，完整、准确、全面贯彻新发展理念，构建新发展格局，推动高质量发展，以有效防范新污染物环境与健康风险为核心，以精准治污、科学治污、依法治污为工作方针，遵循全生命周期环境风险管理理念，统筹推进新污染物环境风险管理，实施调查评估、分类治理、全过程环境风险管控，加强制度和科技支撑保障，健全新污染物治理体系，促进以更高标准打好蓝天、碧水、净土保卫战，提升美丽中国、健康中国建设水平。

（二）工作原则

——科学评估，精准施策。开展化学物质调查监测，科学评估环境风险，精准识别环境风险较大的新污染物，针对其产生环境风险的主要环节，采取源头禁限、过程减排、末端治理的全过程环境风险管控措施。

——标本兼治，系统推进。"十四五"期间，对一批重点管控新污染物开展专项治理。同时，系统构建新污染物治理长效机制，形成贯穿全过程、涵盖各类别、采取多举措的治理体系，统筹推动大气、水、土壤多环境介质协同治理。

——健全体系，提升能力。建立健全管理制度和技术体系，强化法治保障。建立跨部门协调机制，落实属地责任。强化科技支撑与基础能力建设，加强宣传引导，促进社会共治。

（三）主要目标

到 2025 年，完成高关注、高产（用）量的化学物质环境风险筛查，完成一批化学物质环境风险评估；动态发布重点管控新污染物清单；对重点管控新污染物实施禁止、限制、限排等环境风险管控措施。有毒有害化学物质环境风险管理法规制度体系和管理机制逐步建立健全，新污染物治理能力明显增强。

二、行动举措

（一）完善法规制度，建立健全新污染物治理体系

1. 加强法律法规制度建设。研究制定有毒有害化学物质环境风险管理条例。建立健全化学物质环境信息调查、环境调查监测、环境风险评估、环境风险管控和新化学物质环境管理登记、有毒化学品进出口环境管理等制度。加强农药、兽药、药品、化妆品管理等相关制度与有毒有害化学物质环境风险管理相关制度的衔接。（生态环境部、农业农村部、市场监管总局、国家药监局等按职责分工负责）

2. 建立完善技术标准体系。建立化学物质环境风险评估与管控技术标准体系，制定修订化学物质环境风险评估、经济社会影响分析、危害特性测试方法等标准。完善新污染物环境监测技术体系。（生态环境部牵头，工业和信息化部、国家卫生健康委、市场监管总局等按职责分工负责）

3. 建立健全新污染物治理管理机制。建立生态环境部门牵头，发展改革、科技、工业和信息化、财政、住房城乡建设、农业农村、商务、卫生健康、海关、市场监管、药监等部门参加的新污染物治理跨部门协调机制，统筹推进新污染物治理工作。加强部门联合调查、联合执法、信息共享，加强法律、法规、制度、标准的协调衔接。按照国家统筹、省负总责、市县落实的原则，完善新污染物治理的管理机制，全面落实新污染物治理属地责任。成立新污染物治理专家委员会，强化新污染物治理技术支撑。（生态环境部牵头，国家发展改革委、科技部、工业和信息化部、财政部、住房城乡建设部、农业农村部、商务部、国家卫生健康委、海关总署、市场监管总局、国家药监局等按职责分工负责，地方各级人民政府负责落实。以下均需地方各级人民政府落实，不再列出）

（二）开展调查监测，评估新污染物环境风险状况

4. 建立化学物质环境信息调查制度。开展化学物质基本信息调查，包括重点行业中重点化学物质生产使用的品种、数量、用途等信息。针对列入环境风险优先评估计划的化学物质，进一步开展有关生产、加工使用、环境排放数量及途径、危害特性等详细信息调查。2023 年年底前，完成首轮化学物质基本信息调查和首批环境风险优先评估化学物质详细信息调查。（生态环境部负责）

5. 建立新污染物环境调查监测制度。制定实施新污染物专项环境调查监测工

作方案。依托现有生态环境监测网络，在重点地区、重点行业、典型工业园区开展新污染物环境调查监测试点。探索建立地下水新污染物环境调查、监测及健康风险评估技术方法。2025 年年底前，初步建立新污染物环境调查监测体系。（生态环境部负责）

6. 建立化学物质环境风险评估制度。研究制定化学物质环境风险筛查和评估方案，完善评估数据库，以高关注、高产（用）量、高环境检出率、分散式用途的化学物质为重点，开展环境与健康危害测试和风险筛查。动态制定化学物质环境风险优先评估计划和优先控制化学品名录。2022 年年底前，印发第一批化学物质环境风险优先评估计划。（生态环境部、国家卫生健康委等按职责分工负责）

7. 动态发布重点管控新污染物清单。针对列入优先控制化学品名录的化学物质以及抗生素、微塑料等其他重点新污染物，制定"一品一策"管控措施，开展管控措施的技术可行性和经济社会影响评估，识别优先控制化学品的主要环境排放源，适时制定修订相关行业排放标准，动态更新有毒有害大气污染物名录、有毒有害水污染物名录、重点控制的土壤有毒有害物质名录。动态发布重点管控新污染物清单及其禁止、限制、限排等环境风险管控措施。2022 年发布首批重点管控新污染物清单。鼓励有条件的地区在落实国家任务要求的基础上，参照国家标准和指南，先行开展化学物质环境信息调查、环境调查监测和环境风险评估，因地制宜制定本地区重点管控新污染物补充清单和管控方案，建立健全有关地方政策标准等。（生态环境部牵头，工业和信息化部、农业农村部、商务部、国家卫生健康委、海关总署、市场监管总局、国家药监局等按职责分工负责）

（三）严格源头管控，防范新污染物产生

8. 全面落实新化学物质环境管理登记制度。严格执行《新化学物质环境管理登记办法》，落实企业新化学物质环境风险防控主体责任。加强新化学物质环境管理登记监督，建立健全新化学物质登记测试数据质量监管机制，对新化学物质登记测试数据质量进行现场核查并公开核查结果。建立国家和地方联动的监督执法机制，按照"双随机、一公开"原则，将新化学物质环境管理事项纳入环境执法年度工作计划，加大对违法企业的处罚力度。做好新化学物质和现有化学物质环境管理衔接，完善《中国现有化学物质名录》。（生态环境部负责）

9. 严格实施淘汰或限用措施。按照重点管控新污染物清单要求，禁止、限制重点管控新污染物的生产、加工使用和进出口。研究修订《产业结构调整指导目录》，对纳入《产业结构调整指导目录》淘汰类的工业化学品、农药、兽药、药品、化妆品等，未按期淘汰的，依法停止其产品登记或生产许可证核发。强化环境影响评价管理，严格涉新污染物建设项目准入管理。将禁止进出口的化学品纳入禁止进（出）口货物目录，加强进出口管控；将严格限制用途的化学品纳入《中国严格限制的有毒化学品名录》，强化进出口环境管理。依法严厉打击已淘汰持久性有机污染物的非法生产和加工使用。（国家发展改革委、工业和信息化部、生态环境部、农业农村部、商务部、海关总署、市场监管总局、国家药监局等按职责分工负责）

10. 加强产品中重点管控新污染物含量控制。对采取含量控制的重点管控新污染物，将含量控制要求纳入玩具、学生用品等相关产品的强制性国家标准并严格监督落实，减少产品消费过程中造成的新污染物环境排放。将重点管控新污染

物限值和禁用要求纳入环境标志产品和绿色产品标准、认证、标识体系。在重要消费品环境标志认证中,对重点管控新污染物进行标识或提示。(工业和信息化部、生态环境部、农业农村部、市场监管总局等按职责分工负责)

(四)强化过程控制,减少新污染物排放

11. 加强清洁生产和绿色制造。对使用有毒有害化学物质进行生产或者在生产过程中排放有毒有害化学物质的企业依法实施强制性清洁生产审核,全面推进清洁生产改造;企业应采取便于公众知晓的方式公布使用有毒有害原料的情况以及排放有毒有害化学物质的名称、浓度和数量等相关信息。推动将有毒有害化学物质的替代和排放控制要求纳入绿色产品、绿色园区、绿色工厂和绿色供应链等绿色制造标准体系。(国家发展改革委、工业和信息化部、生态环境部、住房城乡建设部、市场监管总局等按职责分工负责)

12. 规范抗生素类药品使用管理。研究抗菌药物环境危害性评估制度,在兽用抗菌药注册登记环节对新品种开展抗菌药物环境危害性评估。加强抗菌药物临床应用管理,严格落实零售药店凭处方销售处方药类抗菌药物。加强兽用抗菌药监督管理,实施兽用抗菌药使用减量化行动,推行凭兽医处方销售使用兽用抗菌药。(生态环境部、农业农村部、国家卫生健康委、国家药监局等按职责分工负责)

13. 强化农药使用管理。加强农药登记管理,健全农药登记后环境风险监测和再评价机制。严格管控具有环境持久性、生物累积性等特性的高毒高风险农药及助剂。2025 年年底前,完成一批高毒高风险农药品种再评价。持续开展农药减量增效行动,鼓励发展高效低风险农药,稳步推进高毒高风险农药淘汰和替代。

鼓励使用便于回收的大容量包装物,加强农药包装废弃物回收处理。(生态环境部、农业农村部等按职责分工负责)

(五)深化末端治理,降低新污染物环境风险。

14. 加强新污染物多环境介质协同治理。加强有毒有害大气污染物、水污染物环境治理,制定相关污染控制技术规范。排放重点管控新污染物的企事业单位应采取污染控制措施,达到相关污染物排放标准及环境质量目标要求;按照排污许可管理有关要求,依法申领排污许可证或填写排污登记表,并在其中载明执行的污染控制标准要求及采取的污染控制措施。排放重点管控新污染物的企事业单位和其他生产经营者应按照相关法律法规要求,对排放(污)口及其周边环境定期开展环境监测,评估环境风险,排查整治环境安全隐患,依法公开新污染物信息,采取措施防范环境风险。土壤污染重点监管单位应严格控制有毒有害物质排放,建立土壤污染隐患排查制度,防止有毒有害物质渗漏、流失、扬散。生产、加工使用或排放重点管控新污染物清单中所列化学物质的企事业单位应纳入重点排污单位。(生态环境部负责)

15. 强化含特定新污染物废物的收集利用处置。严格落实废药品、废农药以及抗生素生产过程中产生的废母液、废反应基和废培养基等废物的收集利用处置要求。研究制定含特定新污染物废物的检测方法、鉴定技术标准和利用处置污染控制技术规范。(生态环境部、农业农村部等按职责分工负责)

16. 开展新污染物治理试点工程。在长江、黄河等流域和重点饮用水水源地周边,重点河口、重点海湾、重点海水养殖区,京津冀、长三角、珠三角等区域,聚焦石化、涂料、纺织印染、橡胶、农药、医药等行业,选取一批重点企业和工业园区开展新污染物治理试点工程，形成一批有毒有害化学物质绿色替代、新污染物减排以及污水污泥、废液废渣中新污染物治理示范技术。鼓励有条件的地方制定激励政策，推动企业先行先试，减少新污染物的产生和排放。（工业和信息化部、生态环境部等按职责分工负责）

（六）加强能力建设，夯实新污染物治理基础

17. 加大科技支撑力度。在国家科技计划中加强新污染物治理科技攻关，开展有毒有害化学物质环境风险评估与管控关键技术研究；加强新污染物相关新理论和新技术等研究，提升创新能力；加强抗生素、微塑料等生态环境危害机理研究。整合现有资源，重组环境领域全国重点实验室，开展新污染物相关研究。（科技部、生态环境部、国家卫生健康委等按职责分工负责）

18. 加强基础能力建设。加强国家和地方新污染物治理的监督、执法和监测能力建设。加强国家和区域（流域、海域）化学物质环境风险评估和新污染物环境监测技术支撑保障能力。建设国家化学物质环境风险管理信息系统，构建化学物质计算毒理与暴露预测平台。培育一批符合良好实验室规范的化学物质危害测试实验室。加强相关专业人才队伍建设和专项培训。（生态环境部、国家卫生健康委等部门按职责分工负责）

三、保障措施

（一）加强组织领导

坚持党对新污染物治理工作的全面领导。地方各级人民政府要加强对新污染

物治理的组织领导，各省级人民政府是组织实施本行动方案的主体，于 2022 年年底前组织制定本地区新污染物治理工作方案，细化分解目标任务，明确部门分工，抓好工作落实。国务院各有关部门要加强分工协作，共同做好新污染物治理工作，2025 年对本行动方案实施情况进行评估。将新污染物治理中存在的突出生态环境问题纳入中央生态环境保护督察。（生态环境部牵头，有关部门按职责分工负责）

（二）强化监管执法

督促企业落实主体责任，严格落实国家和地方新污染物治理要求。加强重点管控新污染物排放执法监测和重点区域环境监测。对涉重点管控新污染物企事业单位依法开展现场检查，加大对未按规定落实环境风险管控措施企业的监督执法力度。加强对禁止或限制类有毒有害化学物质及其相关产品生产、加工使用、进出口的监督执法。（生态环境部、农业农村部、海关总署、市场监管总局等按职责分工负责）

（三）拓宽资金投入渠道

鼓励社会资本进入新污染物治理领域，引导金融机构加大对新污染物治理的信贷支持力度。新污染物治理按规定享受税收优惠政策。（财政部、生态环境部、税务总局、银保监会等按职责分工负责）

（四）加强宣传引导

加强法律法规政策宣传解读。开展新污染物治理科普宣传教育，引导公众科学认识新污染物环境风险，树立绿色消费理念。鼓励公众通过多种渠道举报涉新污染物环境违法犯罪行为，充分发挥社会舆论监督作用。积极参与化学品国际环境公约和国际化学品环境管理行动，在全球环境治理中发挥积极作用。（生态环境部牵头，有关部门按职责分工负责）

◀◀ 附录Ⅲ ▶▶

《重点管控新污染物清单

（2023 年版）》

重点管控新污染物清单（2023 年版）

第一条　根据《中华人民共和国环境保护法》《中共中央国务院关于深入打好污染防治攻坚战的意见》以及国务院办公厅印发的《新污染物治理行动方案》等相关法律法规和规范性文件，制定本清单。

第二条　新污染物主要来源于有毒有害化学物质的生产和使用。本清单根据有毒有害化学物质的环境风险，结合监管实际，经过技术可行性和经济社会影响评估后确定。

第三条　对列入本清单的新污染物，应当按照国家有关规定采取禁止、限制、限排等环境风险管控措施。

第四条　各级生态环境、工业和信息化、农业农村、商务、市场监督管理等部门以及海关，应当按照职责分工依法加强对新污染 物的管控、治理。

第五条　本清单根据实际情况实行动态调整。

第六条　本清单自 2023 年 3 月 1 日起施行。

附表

重点管控新污染物清单

编号	新污染物名称	CAS 号	主要环境风险管控措施
一	全氟辛基磺酸及其盐类和全氟辛基磺酰氟（PFOS 类）	例如： 1763-23-1 307-35-7 2795-39-3 29457-72-5 29081-56-9 70225-14-8 56673-42-3 251099-16-8	1. 禁止生产。 2. 禁止加工使用（以下用途除外）。 　（1）用于生产灭火泡沫药剂（该用途的豁免期至 2023 年 12 月 31 日止）。 3. 将用于生产灭火泡沫药剂的企业，应当依法实施强制性清洁生产审核。 4. 进口或出口 PFOS 类，应办理有毒化学品进（出）口环境管理放行通知单。自 2024 年 1 月 1 日起，或者所有者申报废弃的，禁止进出口。 5. 禁止使用的，或者有关部门依法收缴或接收且需要销毁的 PFOS 类、根据国家危险废物名录或者危险废物鉴别标准判定属于危险废物的，应当按照危险废物实施环境管理。 6. 土壤污染重点监管单位中涉及 PFOS 类生产或使用的企业，应当依法建立土壤污染隐患排查制度，保证持续有效防止有毒有害物质渗漏、流失、扬散。

— 4 —

编号	新污染物名称	CAS 号	主要环境风险管控措施

二	全氟辛酸及其盐类和相关化合物[1]（PFOA 类）	—	1. 禁止新建全氟辛酸生产装置。
			2. 禁止生产、加工使用（以下用途除外）：
			  （1）半导体制造中的光刻或刻蚀材料；
			  （2）用于胶卷的摄影涂料；
			  （3）保护工人免受危险液体造成的健康和安全风险影响的拒油拒水纺织品；
			  （4）侵入性和可植入的医疗装置；
			  （5）使用全氟碘辛烷生产全氟溴辛烷，用于药品生产目的；
			  （6）为生产高性能耐腐蚀气体过滤膜、水过滤膜和医疗用布膜、工业废气热交换器设备，以及能防止挥发性有机化合物和 PM₂.₅ 颗粒泄露的工业密封剂等产品而制造聚四氟乙烯（PTFE）和聚偏氟乙烯（PVDF）；
			  （7）制造用于生产输电用高压电线电缆的聚全氟乙丙烯（FEP）。
			3. 将 PFOA 类用于上述用途生产的企业，应当依法实施强制性清洁生产审核。
			4. 进口或出口 PFOA 类，被纳入中国严格限制的有毒化学品名录（出）、进（出）口环境管理放行通知单。已禁止使用的，或者所有省申报废弃的，或者有关部门依法收缴或接收到日需要销毁的 PFOA 类、根据国家危险废物名录或者危险废物鉴别标准判定属于危险废物的，应当按照危险废物类，实施环境管理。
			5. 土壤污染重点监管单位中涉及 PFOA 类生产或使用的企业，应当依法建立土壤污染隐患排查制度，保证持续有效防止有毒有害物质渗漏、流失、扬散。

编号	新污染物名称	CAS 号	主要环境风险管控措施
三	十溴二苯醚	1163-19-5	1. 禁止生产、加工使用（以下用途除外）。 （1）需具备阻燃特点的纺织产品及用于家用取暖电器、熨斗、风扇、浸入式加热器的部件，包含或直接接触外壳的添加剂电器零部件，或需要遵守阻燃标准，按该零件重量算算低于 10%； （2）塑料外壳的添加剂电器零部件，或需要遵守阻燃标准，按该零件重量算算低于 10%； （3）用于建筑绝缘的聚氨酯泡沫塑料； （4）以上三类用途的豁免期至 2023 年 12 月 31 日止。 2. 将十溴二苯醚用于上述用途生产的企业，应当依法实施强制性清洁生产审核。 3. 进口或出口十溴二苯醚，被纳入中国严格限制的有毒化学品名录的，应办理有毒化学品进（出）口环境管理放行通知单。自 2024 年 1 月 1 日起，禁止进出口。 4. 已禁止使用的，或者所有者申报废弃的，或者有关部门依法收缴或收到或者收属于危险废物鉴别标准判定属于危险废物的，应当按照危险废物管理。根据国家实施环境管理。 5. 土壤污染重点监管单位中涉及十溴二苯醚或使用的企业，应当依法建立土壤污染隐患排查制度，保证持续有效防止有毒有害物质渗漏、流失、扬散。

编号	新污染物名称	CAS 号	主要环境风险管控措施
四	短链氯化石蜡[2]	例如： 85535-84-8 68920-70-7 71011-12-6 85536-22-7 85681-73-8 108171-26-2	1. 禁止生产、加工使用（以下用途除外）： （1）在天然及合成橡胶工业中生产传送带时使用的添加剂； （2）采矿业和林业使用的橡胶输送带的备件； （3）皮革业，尤其是为皮革加脂； （4）润滑油添加剂，尤其用于汽车、发电机和风能设施的发动机以及油气勘探钻井和生产装油的炼油厂； （5）户外装饰灯管； （6）防水和阻燃油漆； （7）粘合剂； （8）金属加工； （9）柔性聚氯乙烯的第二增塑剂（但不得用于玩具及儿童产品中的加工使用）； （10）以上九类用途的短链氯化石蜡至 2023 年 12 月 31 日止。 将短链氯化石蜡用于上述用途生产的企业，应当依法实施强制性清洁生产审核。自 2024 年 1 月 1 日起，禁止进出口。 2. 进口或出口短链氯化石蜡，应办理有毒化学品进（出）口环境管理放行通知单。 3. 已禁止使用的，或者所有者申报废弃的，或者有关部门依法收缴或接收且需要销毁的短链氯化石蜡，根据国家危险废物名录或危险废物鉴别标准判定属于危险废物的，应当按照危险废物实施环境管理。 4. 土壤污染重点监管单位中涉及短链氯化石蜡生产或使用的企业，应当依法建立土壤污染隐患排查制度，保证持续有效防止有毒有害物质渗漏、流失、扬散。

编号	新污染物名称	CAS 号	主要环境风险管控措施
五	六氯丁二烯	87-68-3	1. 禁止生产、加工使用、进出口。 2. 依据《石油化学工业污染物排放标准》（GB 31571），对涉六氯丁二烯的相关企业，实施达标排放。 3. 已禁止使用的，或者所有者申报废弃的，或者有关部门依法收缴或者接收且需要销毁危险废物的六氯丁二烯，应当按照危险废物管理。严格落实安化工生产过程中含六氯丁二烯的重馏分、高沸点至底残余物等危险废物管理要求。 4. 土壤污染重点监管单位中涉及六氯丁二烯生产或使用的企业，应当依法建立土壤污染隐患排查制度，保证持续有效防止有毒有害物质渗漏、流失、扬散。
六	五氯苯酚及其盐类和酯类	87-86-5 131-52-2 27735-64-4 3772-94-9 1825-21-4	1. 禁止生产、加工使用、进出口。 2. 已禁止使用的，或者所有者申报废弃的，或者有关部门依法收缴或者接收且需要销毁的五氯苯酚及其盐类和酯类。根据国家危险废物名录或危险废物鉴别标准判定属于危险废物的，应当按照危险废物管理。 3. 土壤污染重点监管单位中涉及五氯苯酚及其盐类和酯类生产或使用的企业，应当依法建立土壤污染隐患排查制度，保证持续有效防止有毒有害物质渗漏、流失、扬散。
七	三氯杀螨醇	115-32-2 10606-46-9	1. 禁止生产、加工使用、进出口。 2. 已禁止使用的，或者所有者申报废弃的，或者有关部门依法收缴或者接收且需要销毁的三氯杀螨醇，根据国家危险废物名录或危险废物鉴别标准判定属于危险废物的，应当按照危险废物管理。
八	全氟己基磺酸及其盐类和其相关化合物[3]（PFHxS 类）	—	1. 禁止生产、加工使用、进出口。 2. 已禁止使用的，或者所有者申报废弃的，或者有关部门依法收缴或者接收且需要销毁的 PFHxS 类，根据国家危险废物名录或危险废物鉴别标准判定属于危险废物的，应当按照危险废物管理。

编号	新污染物名称	CAS 号	主要环境风险管控措施
九	得克隆及其顺式异构体和反式异构体	13560-89-9 13581-03-3 13582-74-8	1. 自2024年1月1日起，禁止生产、加工使用、进出口。 2. 已禁止使用的，或者所有者申报废弃的，或者有关部门依法收缴或接收且需要销毁的得克隆及其顺式异构体和反式异构体，根据国家危险废物名录或者危险废物鉴别标准判定属于危险废物的，应当按照危险废物实施环境管理。
十	二氯甲烷	75-09-2	1. 禁止生产含有二氯甲烷的脱漆剂。 2. 依据《化妆品安全技术规范》，禁止将二氯甲烷用作化妆品组分。 3. 根据《清洗剂挥发性有机化合物含量限值》（GB 38508），水基清洗剂、半水基清洗剂、有机溶剂清洗剂中二氯甲烷、三氯甲烷、三氯乙烯、四氯乙烯总和分别不得超过 0.5%、2%、20%。 4. 依据《石油化学工业污染物排放标准》（GB 31571）、《合成树脂工业污染物排放标准》（GB 31572）、《化学合成类制药工业水污染物排放标准》（GB 21904）等二氯甲烷排放管控要求，实施达标排放。 5. 依据《中华人民共和国大气污染防治法》环境风险预警体系，对相关企业事业单位应当按照国家有关规定建设环境风险预警体系，对排放口和周边环境进行定期监测，评估环境安全隐患，并采取有效措施防范环境风险。 6. 依据《中华人民共和国水污染防治法》，相关企业事业单位应当对排污口和周边环境进行监测，评估环境风险，排查环境安全隐患，并公开有毒有害水污染物信息，采取有效措施防范环境风险。 7. 土壤污染重点监管单位中涉及二氯甲烷生产或使用的企业，应当有效防止有毒有害物质渗漏、流失、扬散，建立土壤污染隐患排查制度，依法建立土壤污染隐患排查制度。 8. 严格执行土壤污染风险管控标准，识别和管控有关的土壤环境风险。

编号	新污染物名称	CAS 号	主要环境风险管控措施
十一	三氯甲烷	67-66-3	1. 禁止生产含有三氯甲烷的脱漆剂。 2. 依据《清洗剂挥发性有机化合物含量限值》（GB 38508），水基清洗剂、半水基清洗剂、有机溶剂清洗剂中三氯甲烷、三氯乙烯、四氯乙烯、三氯乙烯含量总和不得超过 0.5%、2%、20%。 3. 依据《石油化学工业污染物排放标准》（GB 31571）等三氯甲烷有关排放管控要求、实施达标排放。 4. 依据《中华人民共和国大气污染防治法》，相关企业事业单位应当按照国家有关规定建设环境风险预警体系，对相关放口和周边环境进行定期监测，评估环境风险。并采取有效措施防范环境风险。 5. 依据《中华人民共和国水污染防治法》，相关企业事业单位对排污口周边环境进行监测，评估环境风险。排查环境安全隐患，并公开有毒有害水污染物信息，应当依法建立土壤污染隐患排查制度，保证持续有效防止有毒有害物质渗漏、流失、扬散。 6. 土壤污染重点监管单位中涉及三氯甲烷生产或使用的企业，应采取有效措施防止土壤污染隐患排查。
十二	壬基酚	25154-52-3 84852-15-3	1. 禁止使用壬基酚作为助剂生产产品。 2. 禁止使用壬基酚生产壬基酚聚氧乙烯醚、壬基酚用农药产品。 3. 依据化妆品安全技术规范，禁止将壬基酚用作化妆品组分。
十三	抗生素	—	1. 严格落实零售药店凭处方销售处方类抗菌药物，推行凭兽医处方销售使用兽用抗菌药物。 2. 抗生素生产过程中产生的抗生素菌渣、应当按照危险废物实施环境管理。根据国家危险废物名录或采集危险废物鉴别标准，判定属于危险废物的，应当按照危险废物实施环境管理。 3. 严格落实《发酵类制药工业水污染物排放标准》（GB 21903）、《化学合成类制药工业水污染物排放标准》（GB 21904）相关排放管控要求。

编号		新污染物名称	CAS 号	主要环境风险管控措施
十四	已淘汰类	六溴环十二烷	25637-99-4 3194-55-6 134237-50-6 134237-51-7 134237-52-8	1. 禁止生产、加工使用、进出口。 2. 已禁止使用的，或者所有者申报废弃的，或者有关部门依法收缴或接收且日常要销毁的已淘汰类新污染物，根据国家危险废物危险特性鉴别标准或危险废物名录或危险废物鉴定标准判定属于危险废物的，应当按照危险废物实施环境管理。 3. 已纳入土壤污染风险管控标准的，严格执行土壤污染风险管控标准。识别和管控有关的土壤环境风险。
		氯丹	57-74-9	
		灭蚁灵	2385-85-5	
		六氯苯	118-74-1	
		滴滴涕	50-29-3	
		α-六氯环己烷	319-84-6	
		β-六氯环己烷	319-85-7	
		林丹	58-89-9	
		硫丹原药及其相关异构体	115-29-7 959-98-8 33213-65-9 1031-07-8	
		多氯联苯	—	

注:

1. PFOA 类是指：(i) 全氟辛酸（335-67-1），包括其任何支链异构体；(ii) 全氟辛酸盐类；(iii) 全氟辛酸相关化合物，即会降解为全氟辛酸的任何物质，包括含有直链或支链全氟基团以其中 $(C_8F_{17})C$ 部分作为结构要素之一的物质（包括盐类和聚合物）。下列化合物不列为全氟辛酸相关化合物：(i) $C_8F_{17}-X$，其中 X= F, Cl, Br；(ii) $CF_3[CF_2]n-R'$ 涵盖的含氟聚合物，其中 R′ =任何基团，n≥16；(iii) 具有≥8个全氟化碳原子的全氟烷羧酸和膦酸（包括其盐类、脂类、卤化物和酸酐）；(iv) 具有≥9个全氟化碳原子的全氟烷烃磺酸（包括其盐类、脂类、卤化物和酸酐）；(v) 全氟辛基磺酸及其盐类和全氟辛基磺酰氟。

2. 短链氯化石蜡是指链长 C_{10} 至 C_{13} 的直链氯化碳氢化合物，且氯含量按重量计超过 48%，其在混合物中的浓度按重量计大于或等于 1%。

— 11 —

3. PFHxS 类是指：(i) 全氟己基磺酸（355-46-4），包括支链异构体；(ii) 全氟己基磺酸盐类；(iii) 全氟己基磺酸相关化合物，是结构成分中含有 $C_6F_{13}SO_2$ 一且可能降解为全氟己基磺酸的任何物质。

4. 已淘汰类新污染物的定义范围与《关于持久性有机污染物的斯德哥尔摩公约》中相应化学物质的定义范围一致。

5. CAS 号，即化学文摘社（Chemical Abstracts Service，缩写为 CAS）登记号。

6. 用于实验室研究或用作参照标准的化学物质不适用于上述有关禁止或限制生产、加工使用或进出口的要求。加工使用出现的化学物质不适用于本清单。

7. 未标注期限的条目为国家已明令执行或立即执行。上述主要环境风险管控措施中未作规定，但国家另有其他要求的，从其规定。

8. 加工使用是指利用化学物质进行的生产经营等活动，不包括贸易、仓储、运输等活动和使用含化学物质的物品的活动。